Betonpfahl „System Mast“.

Ein Gründungsverfahren mit „Betonpfählen in verlorener Form“.

Von

H. Struif,
Ständg. Assistent an der Kgl. Techn. Hochschule Berlin.

Zweite, vermehrte Auflage.

Mit 75 Textfiguren.

Springer-Verlag Berlin Heidelberg GmbH
1913

ISBN 978-3-662-38779-5   ISBN 978-3-662-39677-3 (eBook)
DOI 10.1007/978-3-662-39677-3

Inhalt.

I. Rückblick.

Die im Sommer 1910 erschienene Abhandlung über „Betonpfähle in verlorener Form nach dem System Mast" schloß mit dem Ausdruck der zuversichtlichen Erwartung, daß dieser Betonpfahl zweifellos einen erfolgreichen Weg vor sich haben werde.

Nachdem nunmehr bald 3 Jahre vergangen sind, wäre es an der Zeit, einmal festzustellen, wie sich der Betonpfahl „Mast" entwickelt und bewährt hat. Darüber wird Fig. 1 schneller als lange Berichte und Aufzählungen Aufschluß geben. Die Kurve stellt die Meterzahl der in dem Zeitraum 1910—1913 von der „Beton- und Tiefbaugesellschaft Mast-Berlin" verwendeten Betonpfähle dar. Das langsame Ansteigen der Kurve im Jahre 1910 hat seinen natürlichen Grund in dem berechtigten Mißtrauen und den mannigfachen Schwierigkeiten, die sich jeder Neuerung hemmend entgegenstellen. Der Einfluß der langen Winterpause macht sich in dem Einführungsstadium besonders stark bemerkbar. Jedoch hat die in

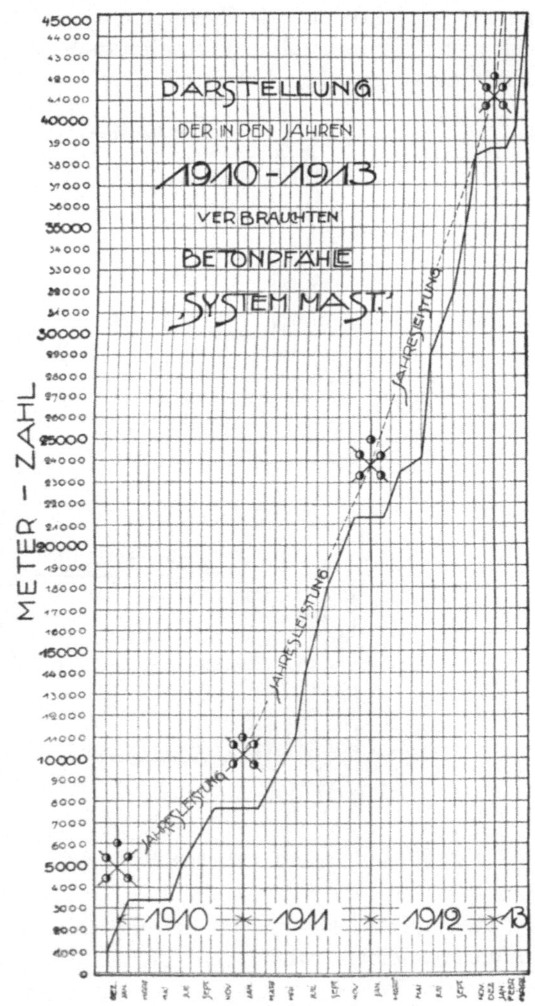

Fig. 1.   Entwicklung des Betonpfahles „Mast" von 1910—1913.

dieser Zeit rührig betriebene Aufklärungs- und Propagandaarbeit ihren Zweck nicht verfehlt.

Gleich nach Beendigung der Winterpause 1910/11 setzt eine rege Nachfrage ein; den Erfolg zeigt das rapide Ansteigen der Verbrauchskurve, die Ende 1911 eine Höhe von 21 000 m erklommen hat. Nach kurzer Winterunterbrechung 1911/12 steigt die Kurve noch steiler als im Vorjahre an, als Zeichen dafür, daß der Betonpfahl „Mast" sich nicht nur seine alten Freunde erhalten, sondern auch neue Gefolgschaft hinzugeworben hat.

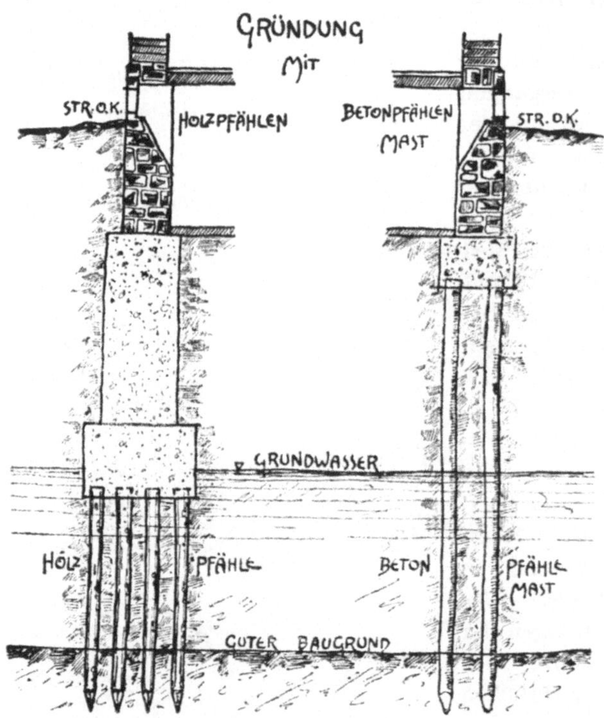

Fig. 2. Unterschied zwischen Holz- und Betonpfahlfundierungen.

Diese Entwickelung des Betonpfahles beweist, daß durch seine Einführung einem wirklichen Bedürfnis der Praxis abgeholfen ist. Wie schon früher ausgeführt ist, verdankt der Betonpfahl „Mast" seine Entstehung dem Wunsche, für den zu Fundierungszwecken recht geeigneten Holzpfahl einen gleichwertigen Ersatz zu schaffen, sobald die Erfüllung der unerläßlichen Bedingung: „alles Holzwerk stets unter Niederwasser" nicht durchaus gesichert erscheint. Wie leicht derartige Verhältnisse eintreten können, ist aus Fig. 3 zu ersehen.

Es handelt sich hier um eine später nochmals erwähnte Holzpfahlfundierung, die infolge unrichtiger Annahme des Wasserstandes nach kurzer Lebensdauer zerstört und durch eine Betonpfahlgründung ersetzt worden ist.

Dieser Fall steht durchaus nicht so vereinzelt da. Dem Verfasser sind im Laufe der letzten Jahre ähnliche verfehlte Holzfundierungen

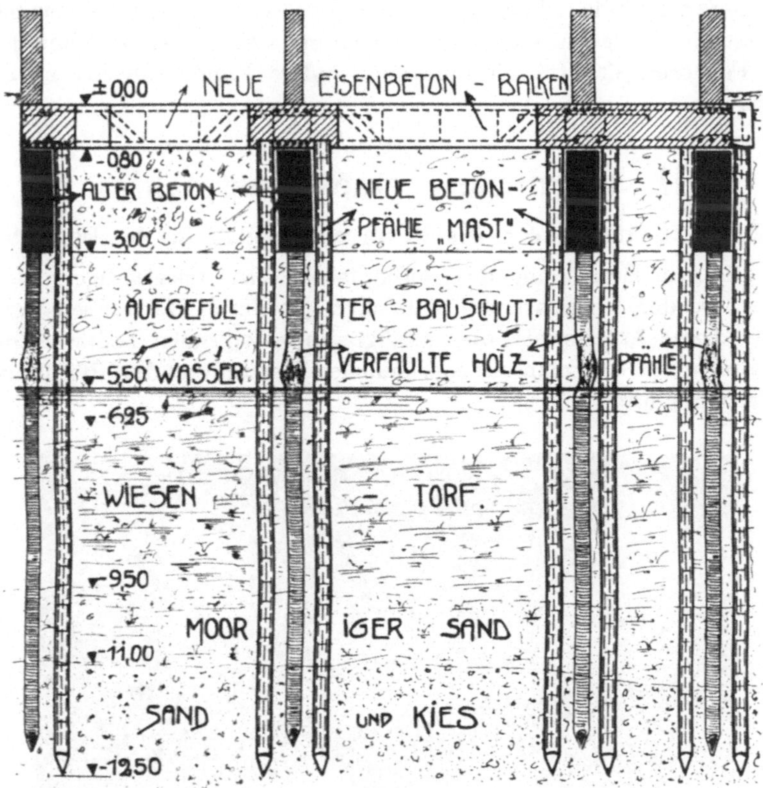

Fig. 3. Bild einer zerstörten Holzpfahlfundierung.

bekannt geworden. Allerdings ist hier der Ausgang weniger tragisch, da die fraglichen Gebäude inzwischen vollständig eingebaut sind und sich nun auf die Schultern ihrer auf gesunden Füßen stehenden Nachbarn stützen, so daß also weitere Zerstörungen infolge Fundamentsenkung vorläufig nicht zu befürchten sind.

Verfolgt man die Entstehungsgeschichte derartiger fehlerhafter Ausführungen, so ergeben sich häufig recht unerfreuliche Tatsachen. Vor allem ist es sehr bedauerlich, daß die Fundierung bei vielen Bau-

herren immer noch eine durchaus untergeordnete Rolle spielt, eine
bedenkliche Auffassung, die, wie leider nicht verschwiegen werden
kann, hier und da auch von „Fachkreisen" geteilt zu werden scheint;
denn wer hat schließlich die fehlerhaften Fundierungen ausgeführt?

Seltener sind schon jene Fälle, in denen Holzfundierungen ohne
Schuld des Erbauers, durch späteres Sinken des Grundwasserstandes
zerstört werden.

Derartige Fälle scheinen doch aufs beredteste zu mahnen, nur nach
gewissenhaftester und sachkundiger Prüfung aller in Betracht kommen-
den Faktoren sich für die eine oder andere Fundierungsart zu ent-
scheiden.

II. Werdegang eines Mastpfahles.

1. Die Anfertigung der Pfahlform und -spitze in der Werkstatt.

Die zur Herstellung des Betonpfahles Mast notwendigen Blech-
hülsen wurden bei den ersten Ausführungen durch Handarbeit hergestellt. Diese Arbeitsweise aber genügte dem steigenden Bedarf alsbald
nicht mehr, so daß man zur maschinellen Herstellung der Pfahlhülsen
übergehen mußte.

Fig. 4. Das Walzen der Pfahlhülsen.

Die vom Eisenwerk bezogenen 1—3 mm starken Tafelbleche von
4 m Länge und 1 m Breite werden auf Biege- und Walzmaschinen
so weit zu kreisrunder Pfahlform gebogen, bis die Längsnähte dicht

aneinander stoßen (Fig. 4). So vorgerichtet, wandern die Rohrformen in das Schweißwerk, wo zunächst die Längsnähte mittels des „Wasser-

Fig. 5.　Autogenes Schweißen der Pfahlhülsen.

Fig. 6.　Rohrspitzen der Pfahlform „System Mast".

stoff-Azetylen-Gebläses" autogen geschweißt werden (Fig. 5). Die fertigen Rohre gehen nochmals in das Walzwerk zurück, werden dort

Fig. 7. Herstellung der Holzklötze in der Dreherei.

Fig. 8. Einsetzen der Holzklötze.

ausgerichtet und die Schweißnähte ausgehämmert. Die zur Bildung
der Pfahlspitze bestimmten Rohre erhalten schon vor dem Walzen
die notwendigen Einschnitte (Fig. 6). In diese Rohre werden die in
der Dreherei (Fig. 7) hergestellten Holzklötze eingesetzt, darauf die

lappenförmigen Rohrenden zusammengelegt und mit Nägeln angeheftet
(Fig. 8). Das Schlußglied bildet dann die im Gesenk gepreßte massive

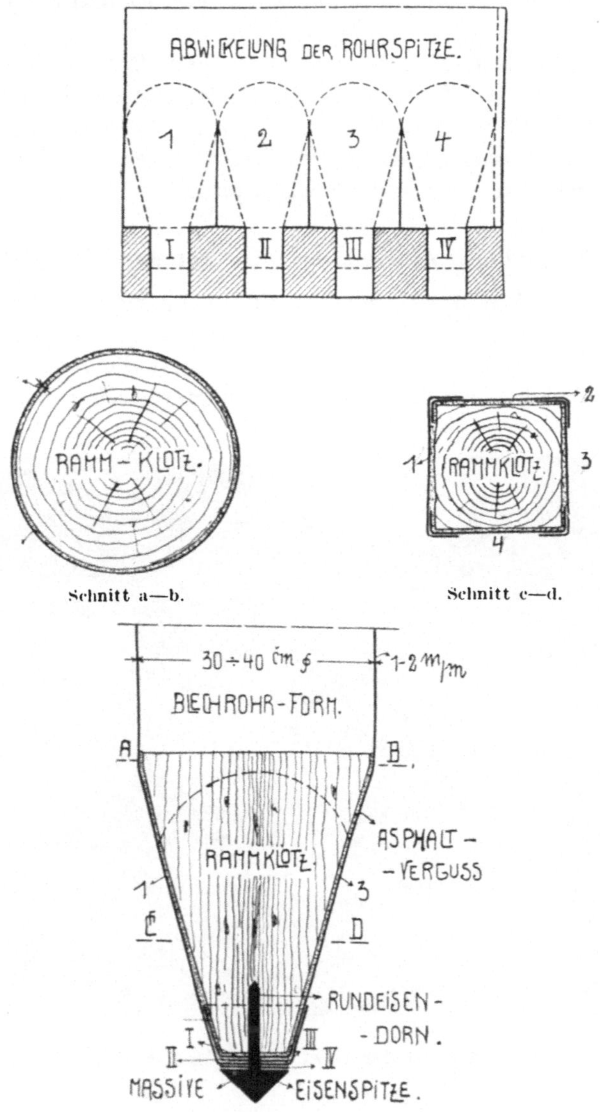

Fig. 9. Die fertige Rohrspitze.

Eisenspitze, deren Bolzen die vierfach übereinander gelegten Rohrlappen durchdringt und gewissermaßen vernietet (Fig. 9). Diese vom
Verfasser gefundene Konstruktion der Pfahlspitze verhindert ein

Öffnen der Blechspitze und Herausschlagen des Holzklotzes. Zum Einrammen der Rohrform wird, wie bekannt, eine Holzjungfer benutzt, die den Schlag des Rammbären auf den Holzklotz una die Pfahlspitze überleitet.

Durch den Rammschlag von oben, den Bcdenwiderstand von unten werden die vier Lappen der Rohrspitze fest aufeinander gepreßt und können nicht mehr seitlich ausweichen. Wesentlich unterstützt wird der Widerstand gegen das Ausweichen der Rohrlappen durch den Rundeisendorn der massiven Eisenspitze.

2. Herstellung des Betonpfahles auf dem Bauplatz.

Die gewöhnlich $1-1\frac{1}{2}$ mm starke, zylindrische oder konische Blechrohrform von ca. 32 cm Durchmesser wird am unteren Ende mit der vorgeschriebenen Spitze versehen, unter die Ramme gebracht (Fig. 10) und eine genau passende Rammjungfer hineingelassen, die den

Fig. 10. Transport der 10 m langen Mast-Pfähle zur Ramme.

oberen Blechrand um etwa 1 m Höhe überragt (Fig. 11/12). Die auf die Jungfer wirkenden Rammschläge werden unmittelbar in die Pfahlspitze übergeleitet und somit die Form in den Boden nachgezogen, nicht, wie bei anderen Systemen, hineingedrückt. Ein derartiger Arbeitsvorgang gestattet es, das Material der Form — hier Schmiedeeisen

Fig. 12. Pfahlform mit eingesetzter Jungfer vor dem Rammen.

Fig. 11. Einsetzen der Holzjungfer in die Pfahlform.

— bis zur äußersten Festigkeitsgrenze auszunutzen, da nur Zug-spannungen auftreten.

Sobald die erforderliche Rammtiefe erreicht ist, wird die Jungfer herausgenommen und die Form mit plastischem Beton gefüllt (Fig. 13). Früher wurde dieser Beton erdfeucht eingebracht und gestampft. Durch vergleichende Druckproben ist jedoch festgestellt, daß der plastische, nicht gestampfte Beton dieselbe Festigkeit wie erdfeuchter gestampfter

Fig. 13. Betonnieren der Pfähle auf der Baustelle.

Beton erhält. Dies ist daraus zu erklären, daß der von oben in die gewöhn-lich 6—8 m tiefe Pfahlform herabgeworfene plastische Beton die Eigen-schaften des bekannten „Schleuderbetons" annimmt. Gegenstandslos ist das Bedenken, der in der Rohrform eingeschlossene Beton könne nicht genügend erhärten. Ein vier Wochen nach der Herstellung wieder ausgegrabener Betonpfahl (Fig. 14) ergab bereits eine mittlere Druckfestigkeit von 180 kg/cm². Sind für die Betonpfähle später Bie-gungsspannungen zu erwarten, so werden vor dem Einbringen des

Betons entsprechende Rundeiseneinlagen in die Form gestellt und ein-
betoniert. Während des ganzen Arbeitsvorganges kann man sich durch
den Augenschein jederzeit die Gewißheit verschaffen, daß der Pfahl
bis zur Spitze den vollen Kreisquerschnitt besitzt und die Eiseneinlagen an jeder Stelle die richtige Lage und den erforderlichen Abstand
voneinander erhalten.

Fig. 14. Ein aus dem Boden gezogener Betonpfahl „Mast" mit nachträglich auf-
geschnittener Pfahlhülse.

III. Betonpfahl und Moorsäure.

In neuerer Zeit ist wiederholt von Betonkanälen und -fundamenten
berichtet worden, die durch säurehaltiges Grundwasser angegriffen
und zerstört worden sind.

Die Zerstörungen sind hauptsächlich auf chemische Umsetzungen der im Zement enthaltenen Kalkverbindungen zurückzuführen. Da diese Erscheinungen bisher meistens an Bauwerken in moorhaltigen Erdschichten beobachtet worden sind, so spricht man allgemein von der Einwirkung der „Moorsäure" auf den Beton. Es handelt sich hierbei hauptsächlich um Schwefel- und Kohlensäure.

Schwefelsäure kann im Erdboden entstehen durch Verwesung organischer Stoffe, ein im Moorboden ganz besonders häufiger Vorgang. Die sich bildenden Verwesungsgase, vor allem der Schwefelwasserstoff, werden vom Grundwasser aufgenommen. Besonders intensiv ist der Verwesungsprozeß in solchen Schichten, die — infolge schwankenden Grundwasserstandes — abwechselnd trocken und feucht sind. Aber auch in anderen Bodenschichten kann die gefährliche Säure entstehen. Etwa vorhandenes Schwefeleisen z. B. oxydiert gleichfalls schnell bei abwechselndem Luft- und Wasserzutritt und bildet Eisensulfat und freie Schwefelsäure, die dann unter Umständen noch Verbindungen mit Karbonaten eingeht und Kohlensäure freigibt. Auch diese Säure wird vom Grundwasser aufgenommen und kann, ebenso wie die Schwefelsäure, Anlaß geben zu der vorerwähnten Auflösung des kalkhaltigen Zements und der damit verbundenen Zerstörung des Betons.

Bei den verhältnismäßig großen Betonmassen eines Fundamentes wird die Zerstörung durch Säuren naturgemäß langsam vor sich gehen. Ganz anders aber steht es mit ungeschützten Betonpfählen, die nur einen geringen Querschnitt von 30 bis 40 cm Durchmesser besitzen, also in kurzem von der Säure zerfressen sein würden.

Als einziges Schutzmittel gegen Einwirkung von Säure ist zurzeit nur „Asphalt" in Form von Anstrich cder Pappe bekannt. Für Betonpfähle kommt ein äußerer Anstrich, der vor dem Rammen anzubringen wäre, nicht in Betracht. Die gewöhnlich auf dem Werkplatz hergestellten Eisenbetonpfähle können demnach nicht „säurefest" gemacht werden. Umso besser dagegen „Betonpfähle in verlorener Form". Beim Betonpfahl „Mast" wird die Asphaltisolierung nach einem durch D. R. P. geschützten Verfahren vorgenommen (Fig. 16). In die eingerammte Pfahlform wird ein unten geschlossenes Rohr aus Asphaltpappe eingesetzt. Bei größeren Pfahllängen werden einzelne Rohrenden hergestellt, deren Querstöße durch Asphaltkitt gedichtet sind. Den oberen Anschluß an etwa vorhandene horizontale Papplagen vermitteln besondere Formstücke, gleichfalls aus Asphaltpappe hergestellt.

Der so vollständig in Asphalt eingehüllte Betonkern des Pfahles ist vollkommen vom säurehaltigen Grundwasser abgeschlossen, so daß eine Zerstörung nicht eintreten kann.

Besonders wichtig ist auch der hier erzielte Abschluß des frisch eingebrachten Pfahlbetons von dem gefährlichen Grundwasser.

Beim Bau des Berliner Osthafens am Stralauer Anger sind Versuche über die Einwirkung des säurehaltigen Grundwassers auf Beton und besonders auf geschützte und ungeschützte Betonpfähle „System Mast" vorgenommen worden (Fig. 15). Bei der Untersuchung, der

Fig. 15. Gegen Moorsäure isolierter Betonpfahl „Mast" am Osthafen zu Berlin.

einer dieser Pfähle nach Jahresfrist unterzogen worden ist, hat sich gezeigt, daß die eiserne Pfahlform nur wenig angegriffen war, so daß die Asphaltisolierung überhaupt noch nicht in Wirkung treten konnte. Die Untersuchung der anderen, noch im Boden befindlichen Pfähle soll nach einigen Jahren vorgenommen werden.

Als Beispiel für die Verwendung des isolierten Betonpfahles „System Mast" diene das Projekt (Fig. 16) für die Fundierung der neuen Berliner Untergrundbahn „Nord-Süd", die an einigen Stellen durch moorigen Boden geführt werden muß.

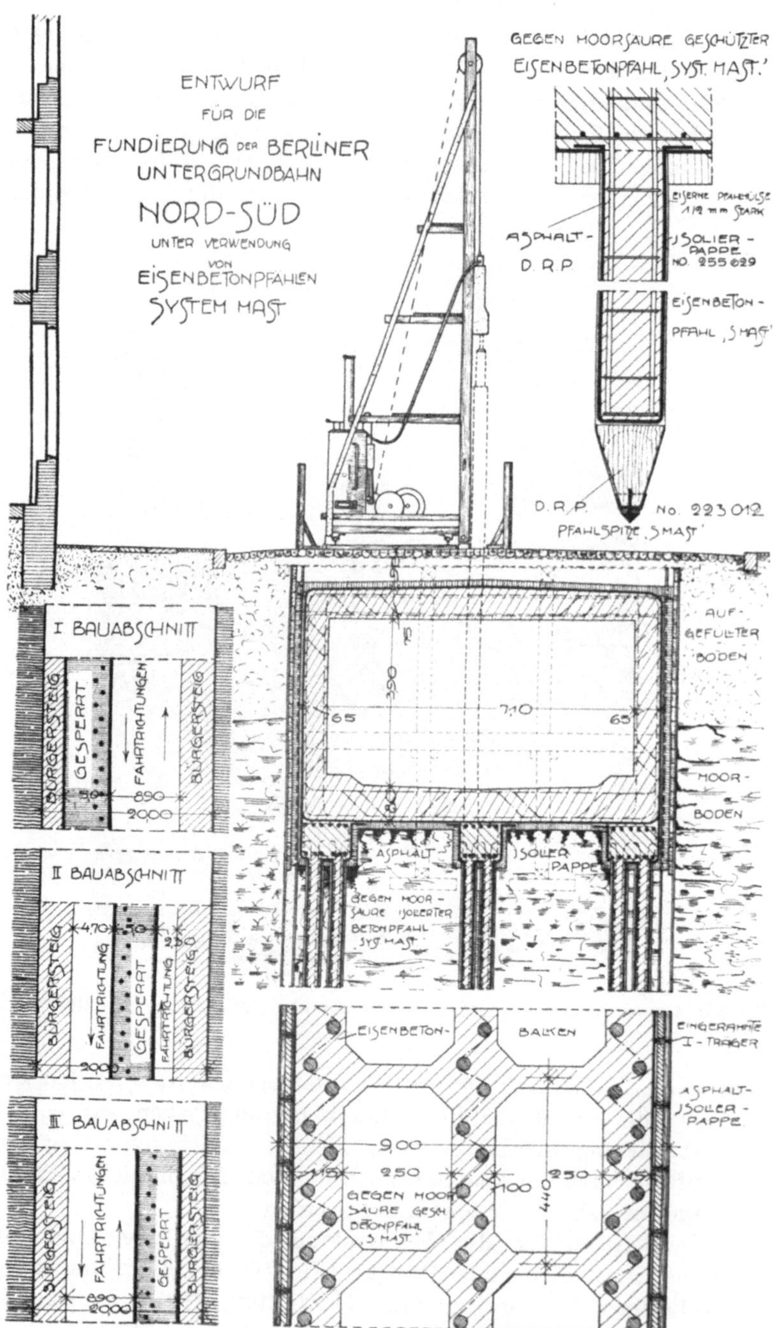

Fig. 16. Fundierung der Untergrundbahn „Nord-Süd" in der Friedrichstraße zu Berlin mit isolierten Betonpfählen „Mast".

IV. Erschütterungen beim Rammen.

Sind Rammarbeiten in nächster Nähe alter Gebäude vorzunehmen, so wird wohl immer die Befürchtung laut, durch die Erschütterung beim Rammen könnten in den benachbarten Gebäudemauern Senkungen und Risse entstehen.

Diese Bedenken sind nicht ungerechtfertigt, sofern Holz- oder gewöhnliche Eisenbetonpfähle verwendet werden. Der einige Meter in den Boden eingetriebene Pfahl wird durch die Rammschläge er-

Fig. 17. Einrammen von Betonpfählen „Mast" neben Neubauten.

schüttert und überträgt seine Bewegung in ganzer Länge auf die ihn umgebenden Erdschichten, die nunmehr gleichfalls in Schwingungen versetzt werden. Mit zunehmender Rammtiefe wächst die Höhe und Masse der schwingenden Bodenschichten, so daß die Erschütterungen immer stärker und gefährlicher werden. Hierzu kommt noch, daß die verstärkten Erschütterungen auch an Dauer der Bewegungen zunehmen, da das Eintreiben längerer Pfähle eine entsprechende Verlängerung der Rammzeit bedingt. Wesentlich günstiger verläuft der Rammvorgang bei Betonpfählen, deren Rohrform durch eine Rammjungfer eingetrieben wird, die allseitig frei in der Pfahlform steht. Die durch den Rammschlag verursachte Erschütterung der Jungfer kann sich frei ausarbeiten, ohne die außen an der Rohrwandung liegenden Bodenschichten zu erreichen und in Bewegung zu setzen. Da der Rammschlag ausschließlich unten an der Pfahlspitze wirkt, so geraten nur die hier getroffenen Bodenteile in direkte Bewegung, die sich dann den höher liegenden Bodenschichten indirekt mitteilt. Durch die Trägheit dieser aufgelagerten Bodenschichten aber wird die Anfangsbewegung abgeschwächt, und zwar umsomehr, je tiefer die Pfahlspitze eindringt. Es entfernt sich also der Ursprung der Bewegung mit zunehmender Tiefe der Pfahlspitze von den oberen Erdschichten, die vor allem in Ruhe bleiben sollten, weil gerade sie meistens die bei der Bewegung gefährdeten Fundamente der Nachbarmauern tragen. Während also bei den Holz- oder gewöhnlichen Eisenbetonpfählen mit zunehmender Pfahllänge die Erschütterungen wachsen, werden sie geringer bei längeren Betonpfählen, die in verlorener Form hergestellt werden.

Die Richtigkeit dieses Schlusses ist durch Beobachtungen und Erfahrungen bestätigt, von denen einige hier folgen sollen.

Haus Kunheim-Berlin.

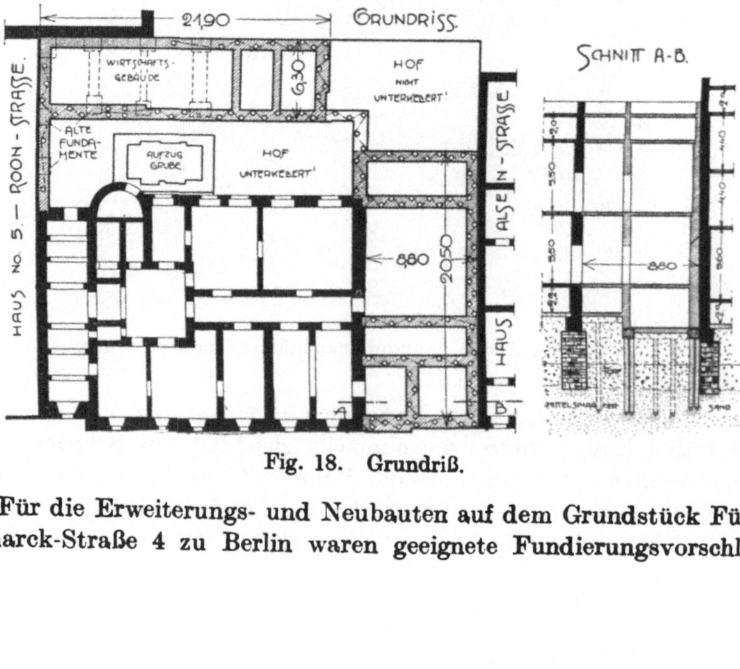

Fig. 18. Grundriß.

Für die Erweiterungs- und Neubauten auf dem Grundstück Fürst-Bismarck-Straße 4 zu Berlin waren geeignete Fundierungsvorschläge auszuarbeiten unter der Bedingung, daß jegliche Beschädigung oder Gefährdung des bestehenden Gebäudes und vor allem des Nachbarhauses vermieden würde. Der Umfang der Arbeit ist aus dem Grundriß (Fig. 18) zu ersehen, an der Straßenfront sollte ein neuer Vorder-flügel, im Hofe ein Wirtschaftsgebäude erbaut werden.

Fig. 19. Blick von der Straße auf die Baustelle.

Den schwierigsten Teil der Aufgabe bildete die Fundierung des Vorderflügels zwischen den hohen Wänden der beiden Wohnhäuser. Nach sorgfältiger Absteifung dieser beiden Giebel konnten die 8 m langen Betonpfähle „Mast" gerammt werden.

Die Erschütterungen beim Rammen waren so gering, daß keinerlei Beschädigung oder Rissebildung eintrat. Bei der Fundierung des Wirtschaftsgebäudes wäre das Auftreten von Rissen in den angrenzenden Mauern nicht von Bedeutung gewesen, da es sich hier nur um Grenz- und Abschlußwände handelte. Aber auch hier gelang es, jede Beschädigung zu vermeiden.

Fig. 20. Blick vom Hofe auf die Baustelle.

Genter Straße 32/34 zu Berlin.

Die Rammarbeiten für die a. a. O. näher beschriebenen Pfahlfundamente der Grundstücke Genter Straße 32/34 mußten gleichfalls unter sehr schwierigen Verhältnissen ausgeführt werden.

Fig. 21 zeigt den Beginn der Rammarbeiten neben dem alten Giebel des Nachbarhauses, das vermutlich auf Holzpfählen gegründet ist.

In den Giebel- und Frontwänden sind eine ganze Anzahl Risse vorhanden, die wohl auf Unregelmäßigkeiten im Fundament zurückgeführt werden müssen.

Fig. 21. Beginn der Rammarbeiten neben alten Giebelmauern.

Nach sorgfältiger Absteifung der besonders gefährdeten Giebelwand konnten die ca. 11 m langen Betonpfähle „Mast" eingerammt werden, ohne daß durch die Rammerschütterungen eine merkliche Vergrößerung der alten Risse eingetreten wäre.

Es hat sich auch hier wieder erwiesen, daß beim Rammen der Mastpfähle die denkbar geringsten Erschütterungen hervorgerufen werden.

V. Gemischte Fundierungen.

Die geologische Beschaffenheit des Untergrundes in und um Berlin bringt es mit sich, daß bisweilen der Baugrund einer und derselben Baustelle in Art und Höhenlage außerordentlich verschieden ist. Zur Verminderung der Baukosten empfiehlt es sich, in solchen Fällen

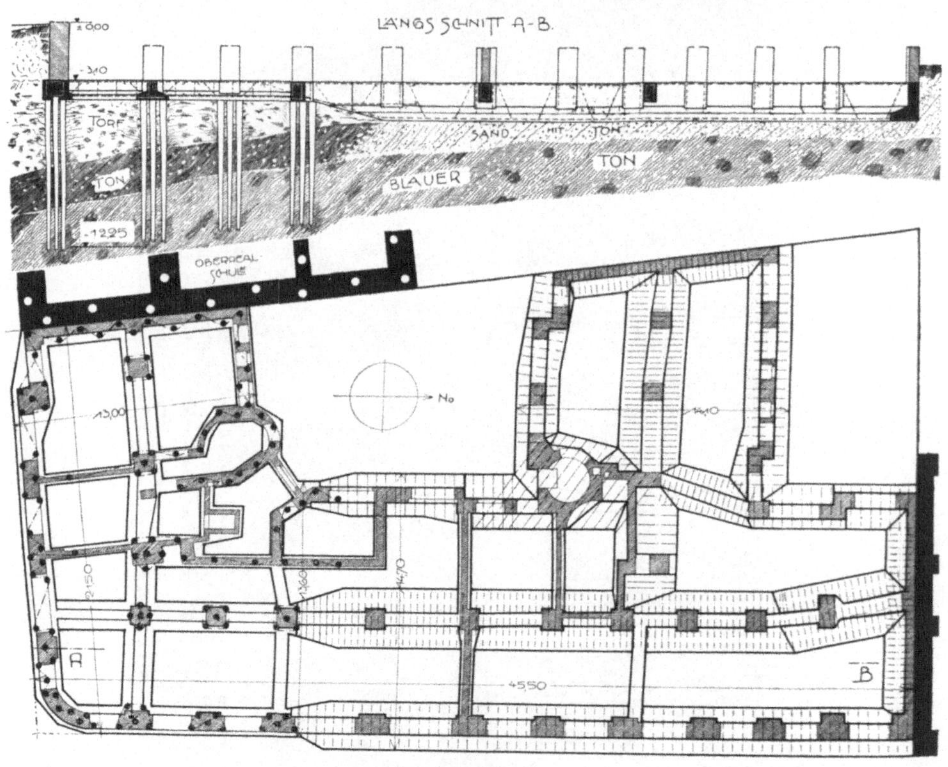

Augusta-Straße

Fig. 22.

das geplante Bauwerk zum Teil mit Pfählen, den Rest aber mit gewöhnlichen Bankettmauern zu fundieren.

Gegen die Ausführung derartiger gemischter Fundierungen bestehen vielfach Vorurteile. Der Haupteinwand, es könnten leicht ungleichmäßige Setzungen des Gebäudes oder gar Risse entstehen, ist zwar im allgemeinen nicht unbegründet. Wird jedoch die Übergangsstelle der verschiedenen Fundierungen mit genügender Vorsicht und Sachkenntnis ausgeführt, so werden die vorerwähnten Bedenken hinfällig. Bei richtiger Konstruktion setzt sich die Verbindungsstelle ebenso gleichmäßig wie die benachbarten Mauern. Der Beweis hierfür ist durch verschiedene derartige Ausführungen geliefert worden. Als erstes Beispiel wäre die Fundierung eines Geschäftshauses an der Ecke der Augusta- und Strelitzschen Straße

Fig. 23. Konische Betonpfähle „Mast".

zu Berlin-Wilmersdorf anzuführen. Der in Fig. 22 dargestellte Vertikalschnitt durch die Baustelle läßt erkennen, daß der tragfähige Baugrund nach der Strelitzstraße, die parallel zu dem früheren Zuge des Wilmersdorfer Sees liegt, sehr stark abfällt. Hieraus ergab sich für den südlichen Teil der Baustelle die Notwendigkeit, Betonpfähle zu verwenden, während die nördliche Hälfte auf breiten Eisenbetonbanketts gegründet werden konnte.

Da die ca. 6 m starke Tonschicht von der Baupolizei nicht als
unbedingt sicherer Baugrund anerkannt wurde, so mußten sowohl die
Pfahlfundamente wie auch die Banketts während der Bauausführung
Belastungsproben unterzogen werden. Das Ergebnis war für die beiden
Fundierungsarten derart günstig, daß die Gründungen in der vorge-
sehenen Weise ohne weiteren Einspruch zu Ende geführt werden
konnten.

Fig. 24.   Konische Betonpfähle „Mast".

Die Bedenken der Baupolizei hatten übrigens ihren guten Grund;
denn auf dem Nachbargrundstück waren kurz vorher zur Fundierung
der Oberrealschule ca. 20 m lange Simplex-Betonpfähle eingerammt
worden, die den ca. 18 m tief liegenden Kiesboden erreichen sollten.
Bei der Fundierung des hier beschriebenen Geschäftshauses aber erwiesen sich Pfähle von nur 8 m Länge als vollkommen ausreichend,
weil hier nicht, wie üblich, zylindrische, sondern konische Pfähle
verwendet wurden, die in der starken Tonschicht einen sicheren Halt
fanden, während der Simplexpfahl ausschließlich auf seinen Kreisquerschnitt angewiesen war und die großen Vorteile des konischen
Pfahles nicht benutzen konnte.

Für den Betonpfahl in verlorener Form aber ist es jederzeit ein

Leichtes, von der zylindrischen Form auf die konische überzugehen, da nur die Pfahlform entsprechend auszubilden ist.

Die Kosten der ganzen Fundierung betrugen ca. 15 Mark für 1 m² bebaute Fläche.

Hätte man das ganze Gebäude mit Betonpfählen fundiert, um eine gemischte Fundierung zu vermeiden, so hätte sich der Preis auf ∼ 30 Mark für 1 m² Grundrißfläche gestellt.

Wohnhäuser in der Straße 22a.

Zwei im Norden Berlins in der Straße 22a errichtete Wohnhäuser wurden gleichfalls, um an den Kosten zu sparen, in gemischter Fun-

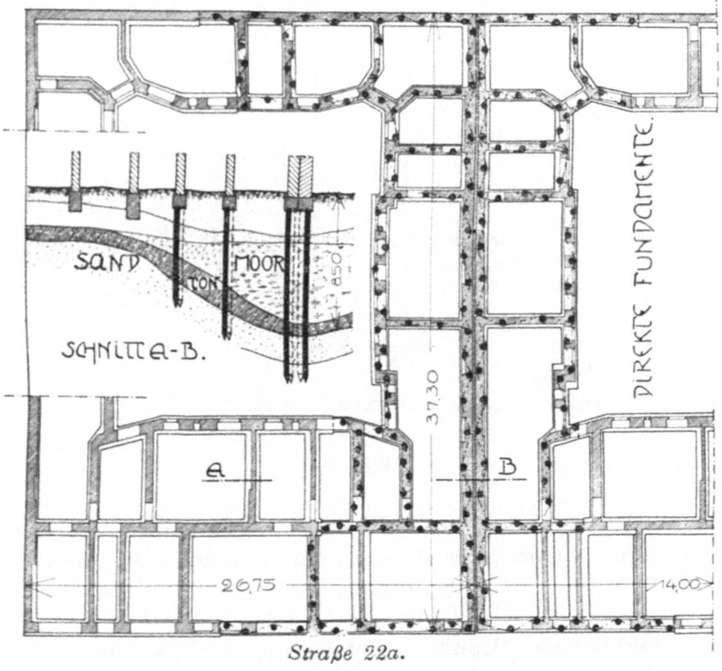

Straße 22a.

Fig. 25.

dierung ausgeführt. Fig. 25 zeigt einen Grundriß und Schnitt der beiden Gebäude. Ein altes, jetzt zugeschüttetes Fließbett durchquerte früher die Baustelle. Der gute Baugrund liegt infolgedessen in der Mitte des Grundstückes ca. 8,50 m tief unter der Straße. Von dieser tiefsten Stelle steigt er uferartig nach beiden Seiten steil an und tritt bald zutage. Diesen Untergrundverhältnissen entsprechend sind die mittleren Gebäudemauern auf Betonpfählen gegründet, während an den Seiten gewöhnliche Banketts ausgeführt werden konnten.

Nachteile irgendwelcher Art haben sich auch bei dieser gemischten Fundierung nicht ergeben.

Wohnhäuser Genter Straße 32/34.

Ein weiteres Beispiel für die zweckmäßige Anwendung der gemischten Fundierung bieten die Grundrisse (Fig. 26) der schon früher

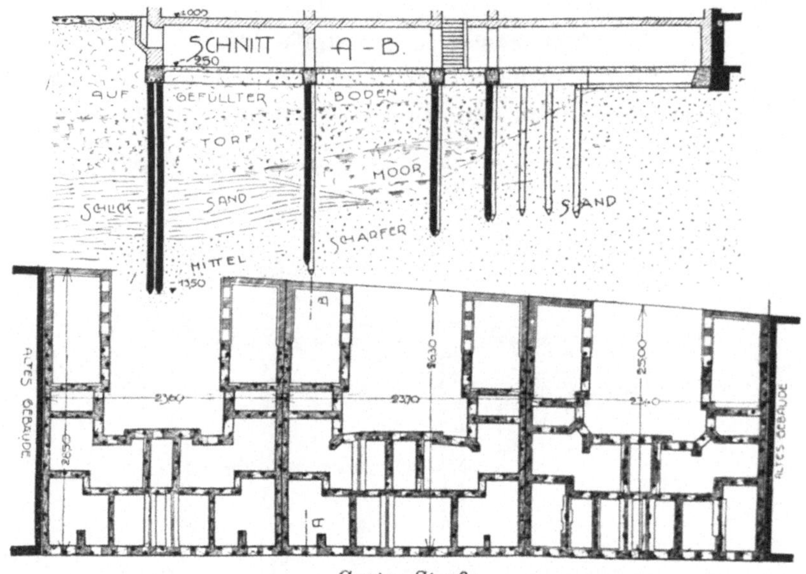

Genter Straße.

Fig. 26.

erwähnten Wohnhäuser Genter Straße 32/34 zu Berlin, die auch, des ungleichartigen Baugrundes wegen, auf Betonpfählen und direkten Banketts fundiert werden konnten.

Geschäftshaus „Mantz & Gerstenberger", Frankfurt a. O.

Eine passende Gelegenheit, den Betonpfahl „Mast" bis zur äußersten Leistungsfähigkeit zu beanspruchen und hierbei sein Verhalten zu beobachten, bot sich anläßlich der Fundierung des Geschäftshauses der Firma Mantz & Gerstenberger in Frankfurt a. O. Der Untergrund der Baustelle besteht bis zu einer Tiefe von 4 m aus Schutt und Schlamm; dann folgen lose Mergel- und Sandschichten; erst in ca. 8,50 m Tiefe findet sich scharfer Sand und Kies (Fig. 27). Diese Bodenschichtung ist für die Verwendung von „Betonpfählen in verlorener Form" die denkbar ungünstigste. Da die ganze 8,50 m hohe Bodenschicht sich in einem zähflüssigen, breiigen Zustande befindet.

so wirkt auf die eingerammte dünnwandige Pfahlform sehr hoher
Außendruck, der die Reibung zwischen Rammjungfer und Rohrwandung
erheblich vergrößert. Es läge nahe, zur Beseitigung dieses Übelstandes
die Wandstärke der Pfahlform zu vergrößern. Das aber würde die
Wirtschaftlichkeit der Ausführung gefährden. Es gelang ohne beson-
deren Kostenaufwand, diese Frage zu lösen. Die zum Rammen ver-
wendete Holzjungfer erhielt einen Eisen-
mantel aus starkem Blech, der die
Reibung beim Hochziehen der Rammjungfer fast vollständig aufhebt. — Die
allgemeine Anordnung des Grundrisses
(Fig. 28) zeigt, daß die Mauern des Erd-
geschosses zwecks Schaffung großer Räume
in Pfeiler aufgelöst sind, die Gebäude-
lasten also an einzelnen Punkten vereinigt in die Fundamente eingeleitet
werden.

    Es ergab sich hieraus die Anordnung
von Pfahlbündeln, die zur Aufnahme
größerer Lasten besonders geeignet sind.
Durch die dicht nebeneinander stehenden
Pfähle wird nämlich der Boden sehr
stark zusammengepreßt, die Pfähle erhalten also einen besonders kräftigen
Widerstand im Boden.

    Alle Pfähle sind mit 35 t voll be-
lastet und zur Sicherheit gegen Knick-
gefahr mit Längs- und Quereisen bewehrt. Zur Aufnahme der Erdgeschoß-
stützen haben die Pfahlköpfe ein 80 cm
hohes Eisenbankett erhalten (Fig. 27).
Einige Pfeiler des rechten Giebels konnten
direkt auf den hier gefundenen guten
Baugrund gesetzt werden, ohne daß
durch diesen Wechsel der Fundierungsart irgendwelche Risse oder ungleich-
mäßige Setzungen des Gebäudes entstanden wären. Trotz der mannigfachen Schwierigkeiten und Hindernisse gelang es doch, sämtliche
Fundierungsarbeiten in 40 Tagen fertigzustellen.

    Die Fundamentkosten beliefen sich auf etwa 18 Mark/m² Grund-
rißfläche.

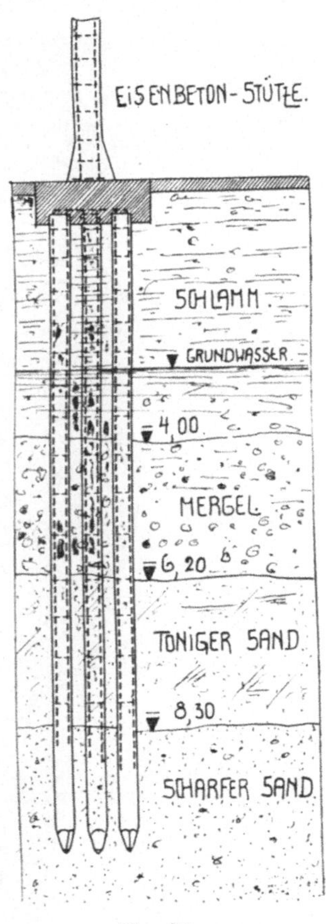

Fig. 27.

Fig. 28. Ausstellungsgebäude der Firma Mantz & Gerstenberger in Frankfurt a. O.
Architekt: Paul Renner, Berlin.   Ausführung: A. Keppich, Berlin.

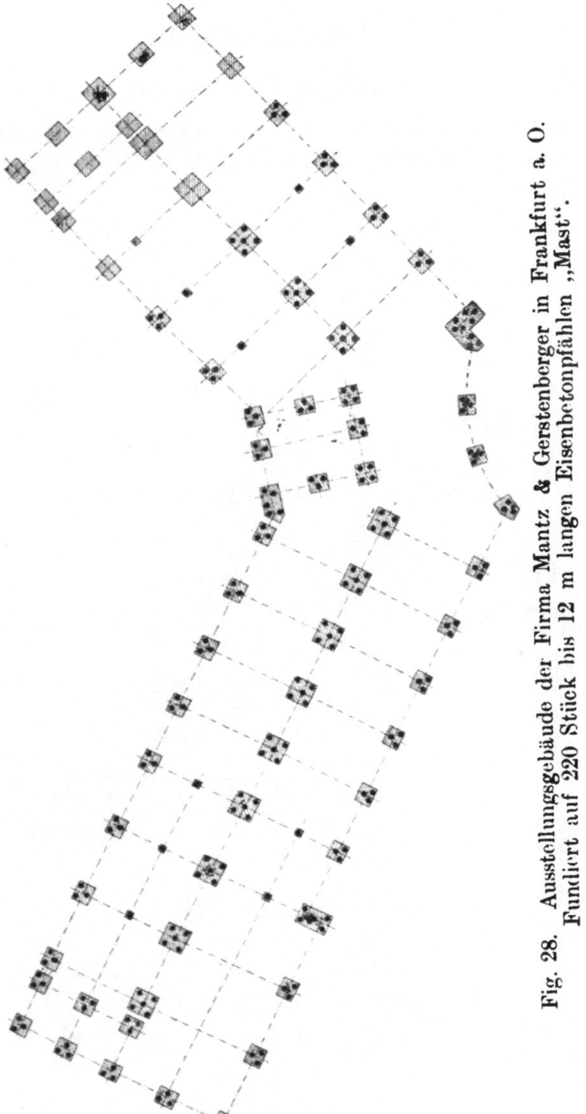

Fig. 28. Ausstellungsgebäude der Firma Mantz & Gerstenberger in Frankfurt a. O. Fundiert auf 220 Stück bis 12 m langen Eisenbetonpfählen „Mast".

VI. Fundierung privater und öffentlicher Hochbauten.

Verfehlte Fundamente.

Eine in der Nähe Berlins vor etwa zehn Jahren erbaute Villa mußte derzeit mit Rücksicht auf den in etwa 11 m Tiefe anstehenden Baugrund künstlich fundiert werden.

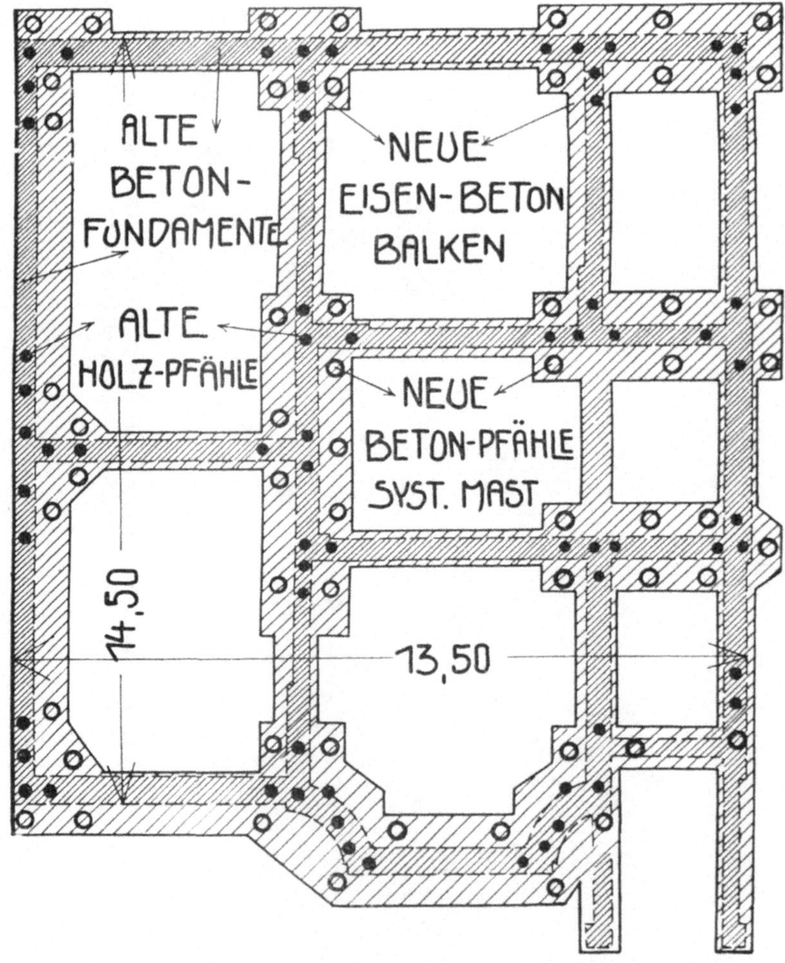

Fig. 29. Grundriß der alten Holzpfähle und der später gerammten Betonpfähle „Mast".

Pfeileraufbau oder Brunnensenkung schied aus — wahrscheinlich der erheblichen Kosten und langwierigen Ausführung wegen —, und so blieb als letzte Möglichkeit nur die wohlbewährte Fundierung mit Holzpfählen (Fig. 29). Für die Verwendung solcher Pfähle gilt bekanntlich die Hauptregel: „Alles Holzwerk mindestens 30 cm unter dem niedrigsten Wasserstande." In dem fraglichen Falle wurde ca. 3 m unter Kellersohle vereinzeltes Tageswasser gefunden und jedenfalls

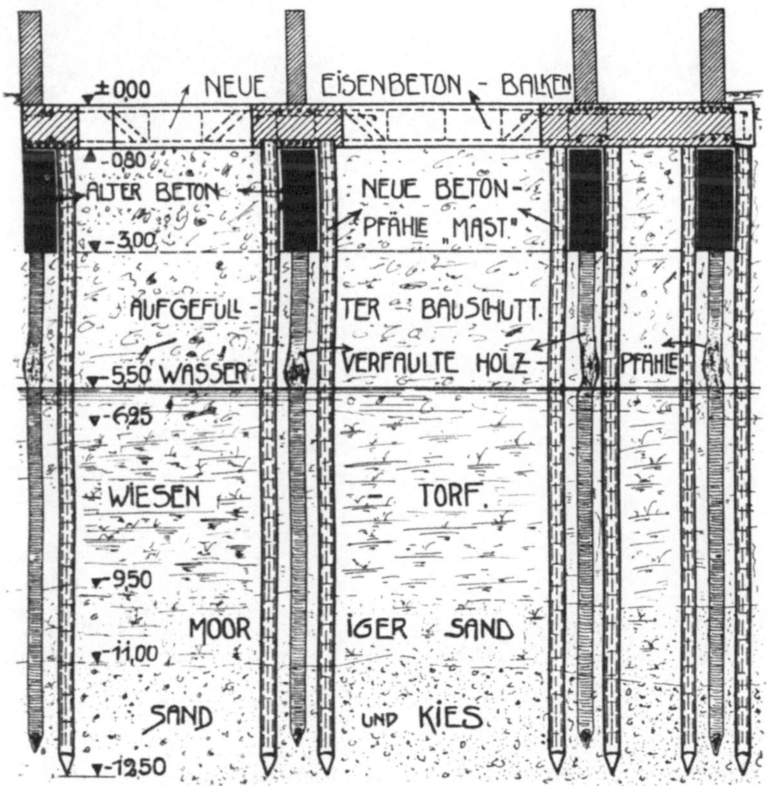

Fig. 30. Ersatz der zerstörten Holzpfähle durch Betonpfähle „Mast".

irrtümlich für Grundwasser gehalten. Neuerdings vorgenommene genaue Untersuchungen und Messungen ergaben aber unzweifelhaft, daß der eigentliche Grundwasserspiegel ca. 5,5 m unter Kellersohle liegt, so daß bei richtiger Konstruktion die Pfähle $5,50 + 0,30 = 5,80$ m von oben abgeschnitten werden mußten und eine Betonhöhe von $5,8 + 0,20 = 6$ m erforderlich gewesen wäre. Tatsächlich aber wurden Betonmauern von 3 m Höhe ausgeführt, so daß die Pfähle, die etwa

3 m über dem Grundwasser standen, selbstverständlich abfaulten und durch die Last der aufruhenden Mauern zerdrückt wurden (Fig. 30).

Klaffende Risse in den Frontwänden des Gebäudes zeigten bald, welche Sünden in der Tiefe begangen worden waren. Als schließlich gar die Fensterbögen herauszufallen drohten, beugte man Schlimmerem vor und legte das Gebäude nieder.

Fig. 31.   Baustelle während der Rammarbeiten.

Die nunmehr erforderliche Neufundierung wurde sehr erschwert durch die alten Holzpfähle und Betonmauern, die vielfach gebrochen, zum Teil ausgewichen waren. Eine auch nur teilweise Benutzung war also vollständig ausgeschlossen. Der Vorschlag, die alten Betonmauern oben 1 m abzustemmen, sodann zu beiden Seiten Betonpfähle „Mast" einzurammen und zur Aufnahme der Gebäudemauern mit breiten Eisenbetonbalken zu verbinden, vereinigte mit den geringsten Kosten den Vorteil der kürzesten Ausführungsfrist. Es gelang, die gesamte Neufundierung mit allen Nebenarbeiten in einem Zeitraum von fünf Wochen fertigzustellen, worauf zum zweiten Male mit dem Hochbau begonnen werden konnte.

Vorstehende Ausführungen zeigten, wie außerordentlich wichtig ganz besonders bei Verwendung von Holzpfählen die sachgemäße und gewissenhafte Untersuchung des Grundwasserstandes für das Fundament ist. Eine Gegenüberstellung der Kosten wird am besten erkennen lassen, welche Verluste dem Bauherrn bei nicht sachgemäßer Behandlung der Fundamente erwachsen können. Die zuerst ausgeführte Holzpfahlfundierung würde nach den heutigen Preisen etwa kosten:

Erdarbeiten einschließlich Bodenabfuhr . . . 1130 M.
Pfahlarbeiten einschließlich Material . . . . 6100 „
Betonarbeiten einschließlich Material . . . . 4070 „
11300 M.,

d. i. 56 M./m² Grundriß.

Wäre die Holzpfahlfundierung sofort richtig ausgeführt, d. h. wären die Pfähle unter Niederwasser abgeschnitten worden, so hätte sich ergeben:

Erdarbeiten einschließlich Abfuhr . . . . . 3800 M.
Pfahlarbeiten einschließlich Material . . . . 6300 „
Betonarbeiten einschließlich Material . . . . 8100 „
18200 M.,

d. i. 90 M./m² Grundriß.

Die nach Abbruch des Gebäudes vorgenommene Neufundierung mit Betonpfählen hat gekostet:

Abbrucharbeiten . . . . 950 M.
Erdarbeiten einschließlich Abfuhr . . . . . . 350 „
Betonpfahlarbeiten einschließlich Material . . 12 700 „
Eisenbetonarbeiten einschließlich Material . . 2 450 „
16 450 M.,

d. i. 81 M./m² Grundriß.

Wenn das Gebäude gleich bei der ersten Ausführung richtig mit Betonpfählen fundiert worden wäre, so hätten die Kosten betragen (Fig. 32):

Erdarbeiten einschließlich Abfuhr . . . . . . 250 M.
Betonarbeiten . . . . 8100 „
Eisenbetonarbeiten . . . . 1600 „
9950 M.,

d. i. 49 M./m² Grundriß.

Als Gesamtkosten der verschiedenen Ausführungen ergeben sich hiernach:

1. Ausführung:

Fundierung mit Holzpfählen . . . . 11 300 M.
Aufbau des Hauses . . . . 45 000 „
zu übertr. 56 300 M.

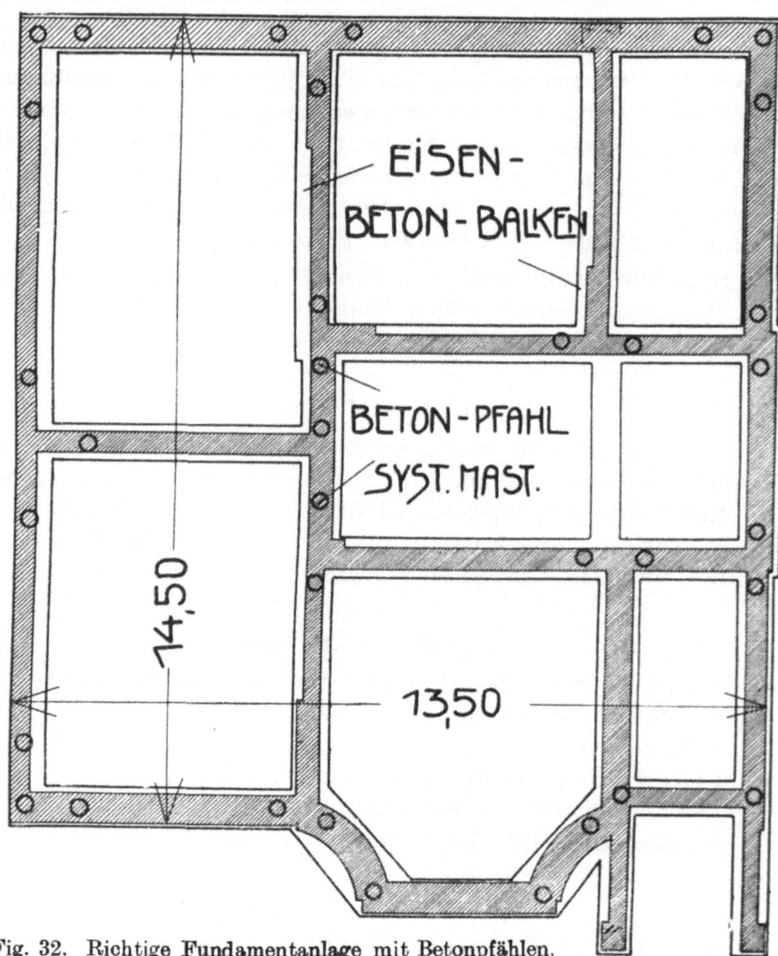

Fig. 32. Richtige Fundamentanlage mit Betonpfählen.

Übertrag 56 300 M.

2. Ausführung:

Abbruch des Hauses gegen Materialwert.

Neufundierung mit Betonpfählen . . . . 16 450 ,,

Neubau des Hauses mit teilweise altem Material 34 850 ,,

1. u. 2. Ausführung zusammen . . . . 107 600 M.

Bei sachgemäßer Anlage stände diesen tatsächlichen Kosten ein Betrag gegenüber von

Neubau . . . . 45 000 M.

Fundierung mit Betonpfählen . . . . 9 950 ,,

54 950 M.

Diese Zahlen sprechen wohl für sich selbst.

Wohn- und Geschäftshaus am Hansa-Ufer zu Berlin.

Gelegentlich der Fundierung einiger Wohn- und Geschäftshäuser am Hansa-Ufer zu Berlin (Fig. 33/34) ließ das Kgl. Polizeipräsidium zur

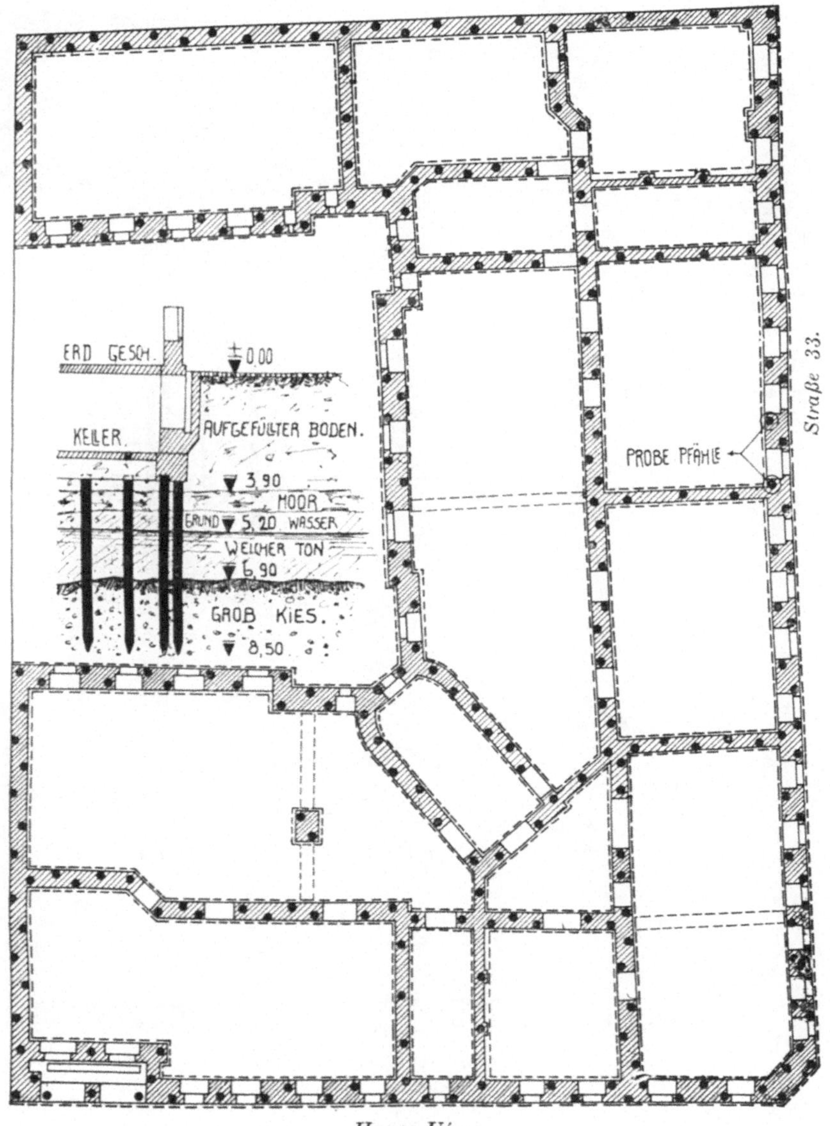

Hansa-Ufer.
Fig. 33.

Prüfung des Pfahlsystems an zwei willkürlich herausgegriffenen Pfählen der Vorderfront eine Belastungsprobe vornehmen. Diese Untersuchung

fand unter Aufsicht des Königlichen Materialprüfungsamtes und des
Königlichen Polizeipräsidiums im Dezember 1909 statt. Der Baugrund an der Versuchsstelle bestand zu etwa 1,50 m aus Bauschutt,

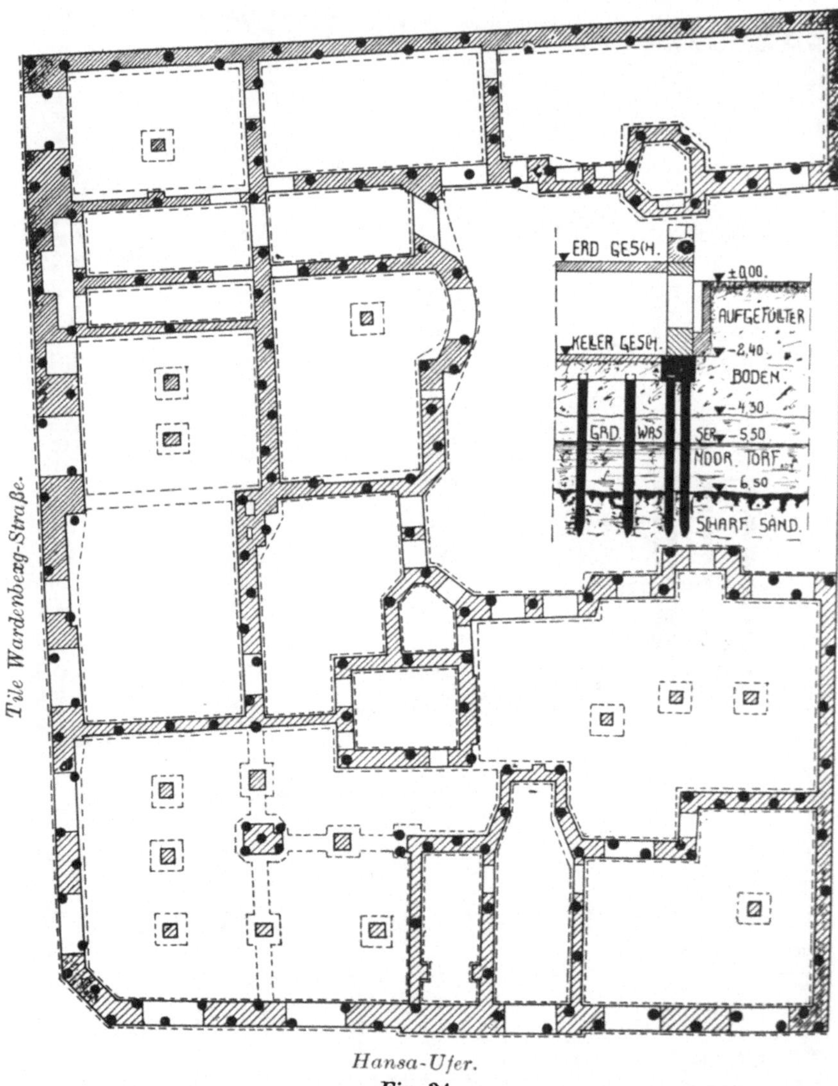

Fig. 34.

dann folgten 0,70 m Moor und darunter ca. 2,30 m weicher Ton. In
einer durchschnittlichen Tiefe von 4,40 m fand sich scharfer Sand.
Das Grundwasser wurde in einer Tiefe von 3—4 m unter Terrain ange-

troffen. Über die Herstellung der untersuchten Pfähle liegen folgende
Rammergebnisse vor:

Pfahl I		Pfahl II		Bemerkungen
Anzahl der Schläge	Eindringung cm	Anzahl der Schläge	Eindringung cm	
50	206	50	215	Bärgewicht 1000 kg
50	98	50	80	Hubhöhe 100 cm
50	57	50	32	
50	34	50	25	
50	21	50	23	
50	19	50	19	
		50	14	

Der Beton der Pfähle war aus 1 Teil Zement und 4 Teilen Kies
hergestellt. Die Pfähle hatten eine Länge von 6 m und waren etwa 2 m
in den mittelscharfen Sand eingerammt.

Versuchsausführung.

In dem beigefügten Grundriß (Fig. 33) ist die Lage der beiden
untersuchten Pfähle zu erkennen.

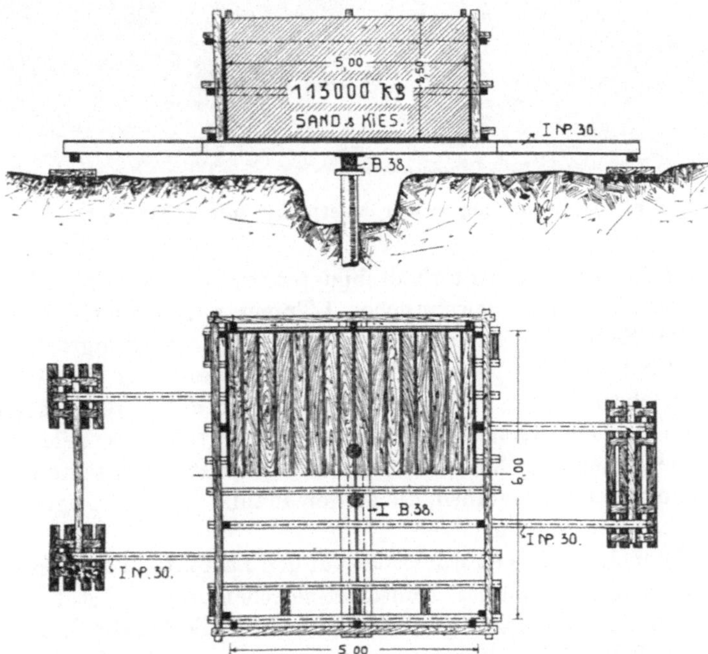

Fig. 35. Belastungsstuhl für 113 000 kg Nutzlast.

Als Belastungsmaterial war der zur späteren Ausführung der Betonbanketts bestimmte Kies gewählt. Die beiden zur Untersuchung bestimmten Pfähle standen etwa 1 m frei über dem Erdboden. Auf die Pfahlköpfe wurde eine dünne Schicht feinen Sandes ausgebreitet und hierauf zwei ca. 20 mm starke Eisenplatten als Lager für den Laststuhl verlegt. Dieser bestand aus einem Holzkasten von 6 × 5 × 2,5 m

Fig. 36.   Belastung zweier Mastpfähle mit 113 000 kg.

Größe (Fig. 35). Den Unterbau bildeten zwei Differdinger-Profile, darüber war eine Lage gewöhnlicher I-Träger angeordnet. Ausleger nach beiden Seiten sollten ein Kippen um die Verbindungsachse der Pfähle verhindern. Die gesamte Konstruktion stand auf vier Winden etwa 20 cm oberhalb der Pfahlköpfe. Bei Beginn des Versuches wurde der Kasten herabgelassen und mit dem Einschütten des Belastungsmaterials begonnen (Fig. 36). Die Einsenkung der Pfähle konnte mittels zweier Fernrohre an Maßstäben, die an den Pfahlköpfen befestigt waren, genau beobachtet werden.

Der Versuch wurde mit Rücksicht auf den Lastaufbau abgebrochen, die Pfähle zeigten keinerlei Zerstörungserscheinungen. Auf Grund dieser Ergebnisse hat das Kgl. Polizeipräsidium Berlin die Belastung eines Betonpfahles „Mast" von 32 cm Durchm. mit **35 t** als allgemein zulässig festgesetzt.

Ergebnisse des Versuches.

Laststufe	Belastung kg	Senkung in Zentimetern		Mittl. Senkung eines Pfahles cm
		Pfahl I	Pfahl II	
0	11 000	0,00	0,00	0,00
1	23 750	0,04	0,04	0,04
2	36 500	0,11	0,08	0,10
3	62 000	0,30	0,30	0,30
4	87 500	0,80	1,25	1,01
5	100 250	1,01	1,73	1,37
6	113 000	1,32	2,31	1,82

Kirche der Gemeinde Berlin-Pankow.

Die von der Kirchengemeinde Pankow in dem neuen Ortsteil zwischen Prenzlauer Allee und Schönhauser Allee erbaute zweite Kirche mußte auf sehr ungünstigem Untergrund errichtet werden. In der erwähnten Gegend lagen früher ausgedehnte Ziegeleibetriebe. Die bei der Gewinnung der Ziegel entstandenen, bis 6 m tiefen Abschachtungen wurden mit Abraum, Fehlbrand und Bauschutt wieder zugefüllt.

Der unbedingt zuverlässige Baugrund ist erst in 7—8 m Tiefe zu erreichen (Fig. 37). Eine Pfeilergründung kam wegen der hohen Kosten und langen Ausführungsfrist ebensowenig in Frage wie Holzpfähle, da der Grundwasserspiegel in 5,50 m Tiefe liegt.

Diese Gründe führten zu einer Fundierung mit Betonpfählen „Mast", deren Anordnung aus dem Grundriß (Fig. 38) zu ersehen ist. Je nach den aufzunehmenden Lasten sind die Pfähle gruppenweise zusammengestellt, oben mit Rundeisenankern verschnürt und durch Eisenbetonbalken von 1 m Höhe und entsprechender Breite verbunden. Die Beanspruchung der Pfähle schwankt zwischen 28—30 t/Pfahl.

Mit besonderer Sorgfalt mußten die Lasten des Turmes aufgenommen werden. Am ungünstigsten ist die innere Turmecke belastet, die als Vierungspfeiler den Hauptgewölbeschub zu tragen hat.

Auf 21 Pfähle ist die Last dieser Ecke verteilt, während die drei anderen gleichmäßig belasteten Turmecken auf je 17 Pfählen ruhen.

Alle Pfähle haben Längs- und Quereisen erhalten, die Pfahlköpfe (Fig. 39) sind mit Rundeisen verschnürt und durch einen 1 m hohen Eisenbetonrahmen verbunden. Über diesem Rahmen erhebt sich der eigentliche Turm, dessen Sockel bis zum Kirchenfußboden gleichfalls aus Beton hergestellt worden ist.

Bei ungünstigster Belastung beträgt das Gewicht des ganzen Turmes einschließlich der Glocken und des Fundamentes 2150 t, d. i.

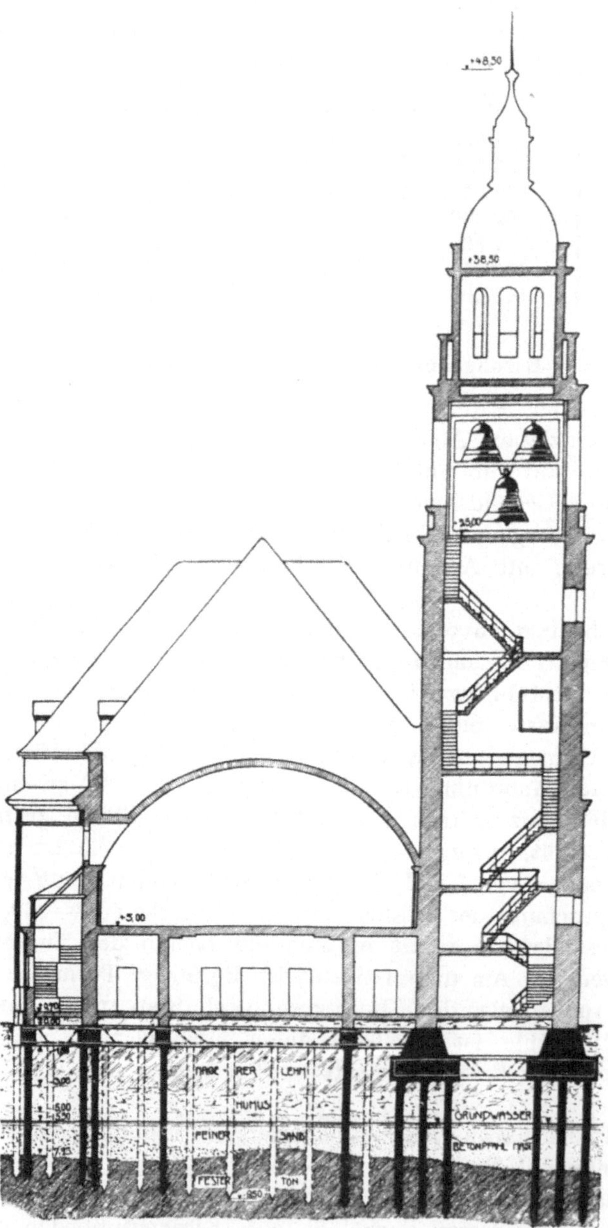

Fig. 37.   Betonpfahl-Fundierung einer Kirche in Berlin-Pankow.

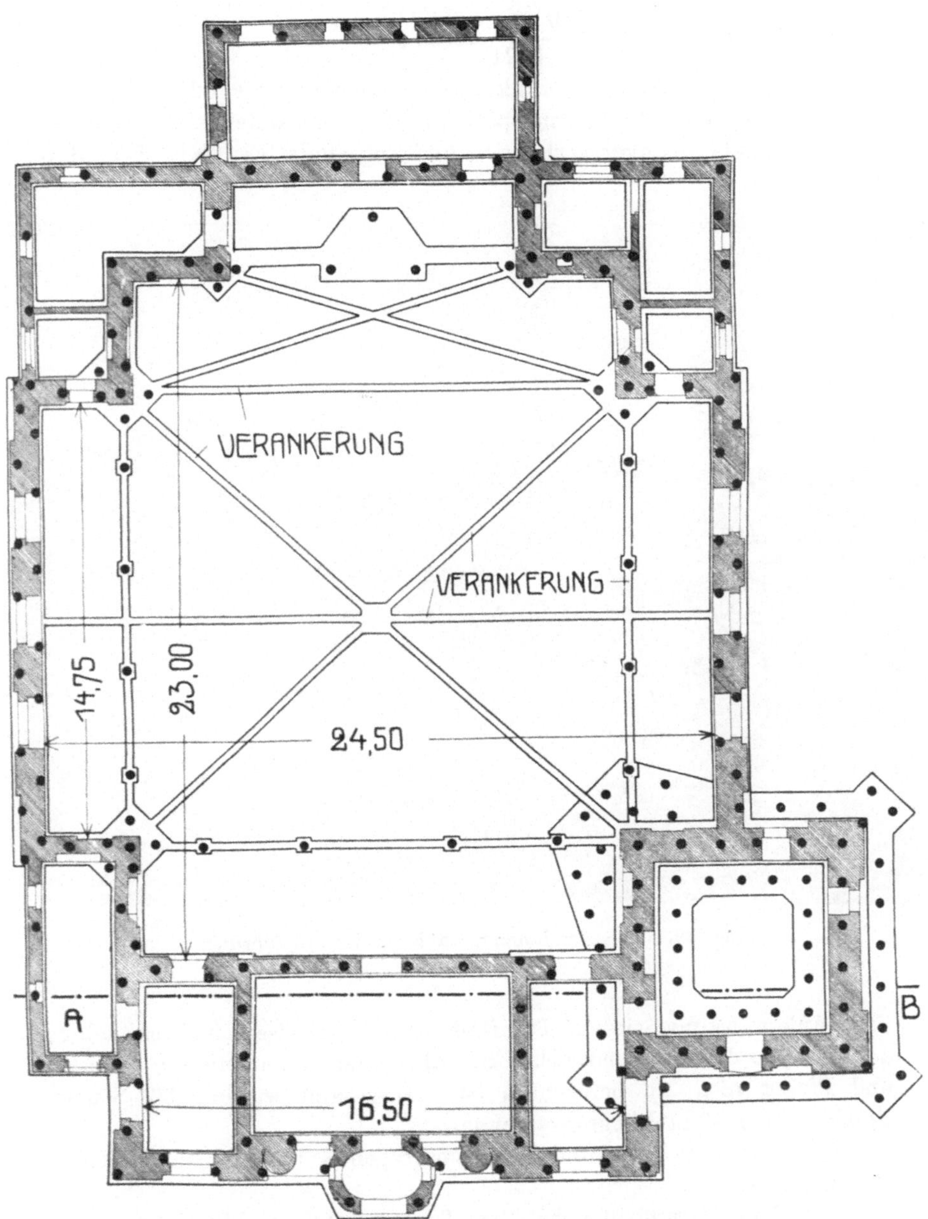

Fig. 38. Pfahlverteilung für die Kirche in Berlin-Pankow.

$\sim 1,12$ t/m³ überbauten Raum. Jeder Pfahl erhält eine mittlere Beanspruchung von $\dfrac{2150}{(3 \times 17) + 21} = 30$ t.

Da im Hauptraum verankernde Zwischenwände fehlen, so sind in Fundamenthöhe die Vierungspfeiler und Seitenwände durch 40×60 cm starke Eisenbetonanker verbunden und abgesteift (Fig. 38). Eine ähn-

Fig. 39. Turmfundament während der Ausführung.

liche Ankerwirkung wird in Traufhöhe durch die eisernen Dachbinder ausgeübt, so daß ein Ausweichen der oben und unten gefaßten Wände und Pfeiler nicht zu befürchten ist. Insgesamt wurden 239 Stück Pfähle von 5—8 m Länge verwendet.

Die Kosten des Turmfundamentes betrugen $\sim 33\,\%$ der Fundament-Bausumme.

Für 1 m² Grundrißfläche des Turmes sind ~ 140 Mark, für 1 m³ überbauten Raum 4—5 Mark zu rechnen.

Sämtliche Ausschachtungs-, Beton- und Rammarbeiten wurden von Mitte November 1911 bis Januar 1912 in 42 Tagen erledigt.

Gemeinde- und Pfarrhaus in Berlin-Pankow.

Auf Grund der bei dem Bau der Kirche gewonnenen guten Erfahrungen wurde auch das in nächster Nähe zu errichtende Pfarr- und Gemeindehaus auf Betonpfählen „Mast" fundiert.

Fig. 40. Kirche in Berlin-Pankow während der Bauausführung.

Zur Aufnahme der ganzen Gebäudelast waren 131 Stück Betonpfähle von 6—8 m Länge erforderlich. Die Pfahlverteilung und sonstige Konstruktion ist aus dem nebenstehenden Grundriß (Fig. 41) ersichtlich. Auf Wunsch der Bauleitung wurde gelegentlich dieser Ausführung eine Probebelastung der Pfähle in der auf S. 35 u. f. beschriebenen Weise vorgenommen.

Den Erwartungen, die sich an diesen Versuch knüpften, entsprachen die Ergebnisse in jeglicher Weise.

Kirche der Gemeinde Berlin-Neukölln.

Zu den in Groß-Berlin nicht allzu seltenen Kirchenbauten, die wegen Platzmangels ebenso wie die Wohnhäuser vollständig einge-

baut sind, gehört auch die neue Kirche in der Nansenstraße zu Neu-
kölln (Fig. 42).

Das Pfarrhaus und der Kirchturm sind an die Straßenfront gelegt,
der Kirchenraum selbst aber fand fern vom Lärm der Straße im hinteren
Teil des Grundstückes einen zweckentsprechenden ruhigen Platz.

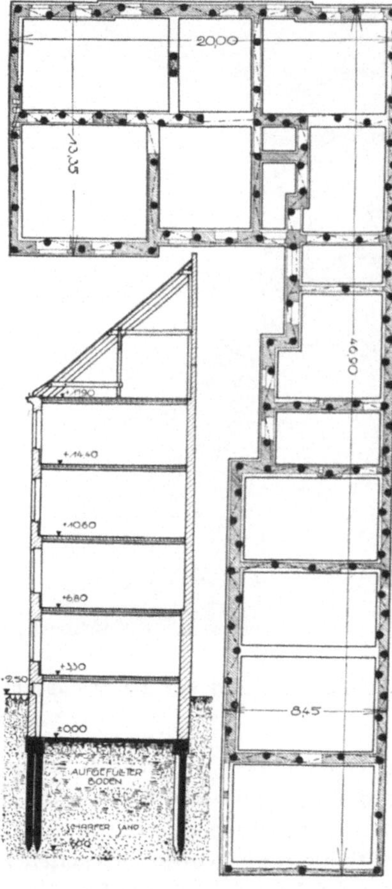

Fig. 41.

Betonpfahlfundierung

des Gemeinde- und

Pfarrhauses

in Berlin-Pankow.

Der tragfähige Baugrund liegt ca. 8 m unter der Straße, der Grund-
wasserstand schwankt zwischen 3 und 4 m Tiefe. Es mußte deshalb
auf Betonpfählen fundiert werden (Fig. 43).

Die Verteilung der Pfähle unter dem vorderen unterkellerten Teil
des Bauwerkes ist die bei Wohnhäusern übliche, da hier nur normale
Mauerlasten aufzunehmen sind. Der Turm mit seiner Last von 1800 t,
d. i. 1,06 t für 1 m³ überbauter Raum, ruht auf einem ca. 1,00 m

starken quadratischen Eisenbetonrahmen, der die durch Rundeisen miteinander verschnürten Köpfe von 54 Betonpfählen verbindet.

Auf jeden Pfahl entfällt somit eine Last von 33,5 t.

Der Fußboden des eigentlichen Kirchenraumes liegt ca. 2 m über dem Gelände und ist als freitragende Balkendecke in Eisenbeton ausgeführt. Der zwischen Decke und Gelände entstehende Raum wird zur Unterbringung von Geräten, Rohrleitungen u. a. benutzt. Für

Fig. 42. Kirche in Berlin-Neukölln während der Bauausführung.

die Eisenbetonbalken der Decke sind als Stützen einzelne Betonpfähle in 5—6 m Abstand eingerammt und bis zur Balkenunterkante etwa 2,50 m über Gelände hochgeführt (Fig. 44).

Von den Gesamtkosten der Fundierung entfallen 28 % auf das Turmfundament. Für 1 m² bebauten Turmgrundriß sind 155 Mark zu rechnen, während 1 m³ überbauter Turmraum etwa 5 Mark kostet.

Für das ganze Bauwerk waren 160 Pfähle von 6,50 m mittlerer Länge notwendig. Alle Arbeiten wurden innerhalb 30 Tagen fertiggestellt.

Das neue Wasserwerk der Gemeinde Berlin-Pankow.

Im Jahre 1893 ließ die Gemeinde Pankow für 9200 Einwohner ihr erstes Wasserwerk erbauen; nach kaum 7 Jahren, also 1900, wollten bereits 42 500 Personen mit Wasser versorgt sein. Trotz mehrfacher Erweiterung des Werkes, und obgleich Berlin schließlich 2500 m³ Wasser täglich zusteuerte, konnte das alte Werk einer so schnellen Entwickelung nicht mehr folgen und blieb Tag für Tag in seiner Leistung

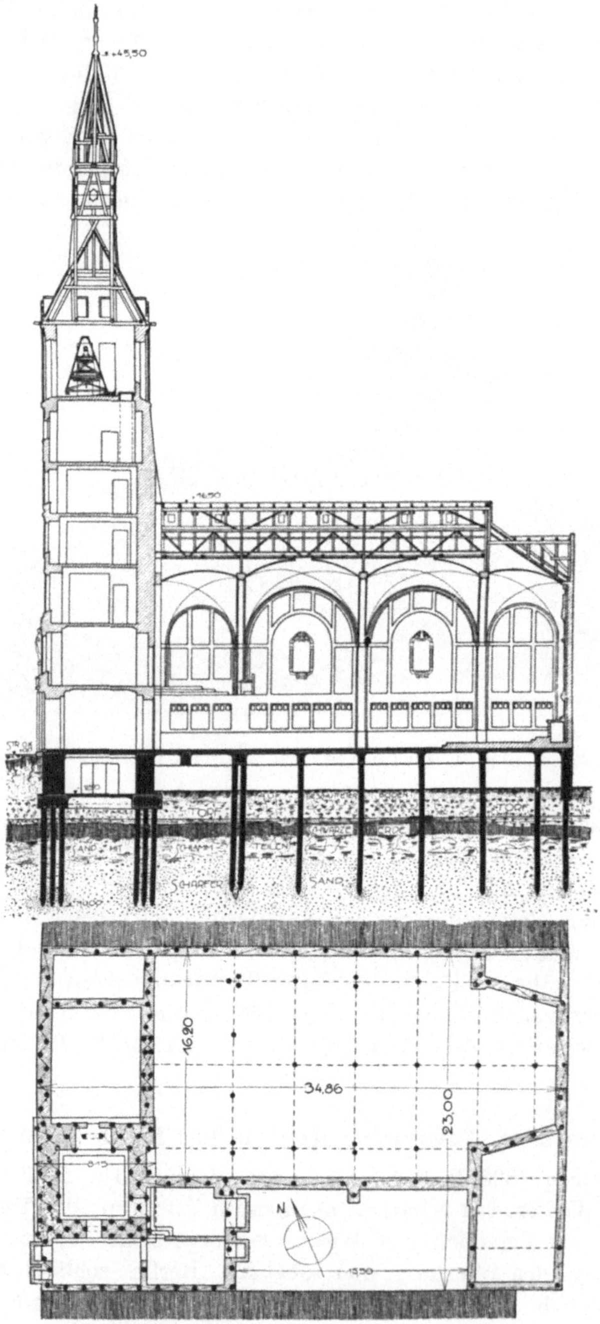

Fig. 43. Betonpfahlfundierung der Kirche in Berlin-Neukölln.

gegenüber den Anforderungen zurück. Wie weit die Erschöpfung
des früheren Wasservorrates schließlich getrieben war, geht daraus
hervor, daß der ursprünglich 4 m unter Straßenkrone gelegene Wasserspiegel zuletzt bis zu einer Tiefe von 16 m abgesenkt worden war.

Da aller Voraussicht nach die Gemeinde Pankow vorläufig in
gleicher Weise wie bisher — zurzeit werden 53 000 Einwohner gezählt —
wachsen wird, so war eine großzügige Neuanlage des Wasserwerkes

Fig. 44. Eisenbetonbalken und -decken auf Betonpfählen „Mast“ beim Kirchenbau
Berlin-Neukölln.

ein unabweisbares Bedürfnis. Ein in jeder Weise geeignetes Gelände
fand sich endlich an der Havel im Gutsbezirk Stolpe zwischen Hennigs-
dorf und Hohenschöpping. Die dort vorgenommenen Bodenunter-
suchungen ergaben reichliche Mengen besten Wassers, allerdings auch
an der für das Maschinenhaus bestimmten Baustelle unsicheren Baugrund, dem man die schweren und verschiedenen Lasten der Motoren-
und Pumpenfundamente, vor allem aber diejenige des Kamins nicht
anvertrauen konnte (Fig. 46). Der in etwa 8 m Tiefe angetroffene
sichere Baugrund konnte wegen des zunächst noch sehr hochstehenden
Wasserspiegels nicht mit Pfeilerfundamenten erreicht werden; Holzpfähle aber kamen gerade wegen der später eintretenden Spiegelsenkung
— bei dem alten Werke war das Wasser um 12 m gefallen! — nicht
in Frage. Die Herstellung gewöhnlicher Betonpfähle hätte den Arbeits-

beginn um mindestens 6—8 Wochen verzögert; da aber mit Rücksicht
auf die Erschöpfung des alten Werkes jeder Tag kostbar war, wählte

Fig. 45. Neues Wasserwerk der Gemeinde Berlin-Pankow.

die Bauverwaltung eisenbewehrte Betonpfähle „Mast". Die Schlag-
fertigkeit des Systems erwies sich hier wieder einmal aufs beste.

Wenige Tage nach Erteilung des Auftrages konnten trotz der sehr
schwierigen Arbeitsverhältnisse, der weiten und schlechten Zufahrts-

wege schon die ersten Pfähle gerammt werden; nach kaum 35 Tagen war die gesamte Fundierung erledigt.

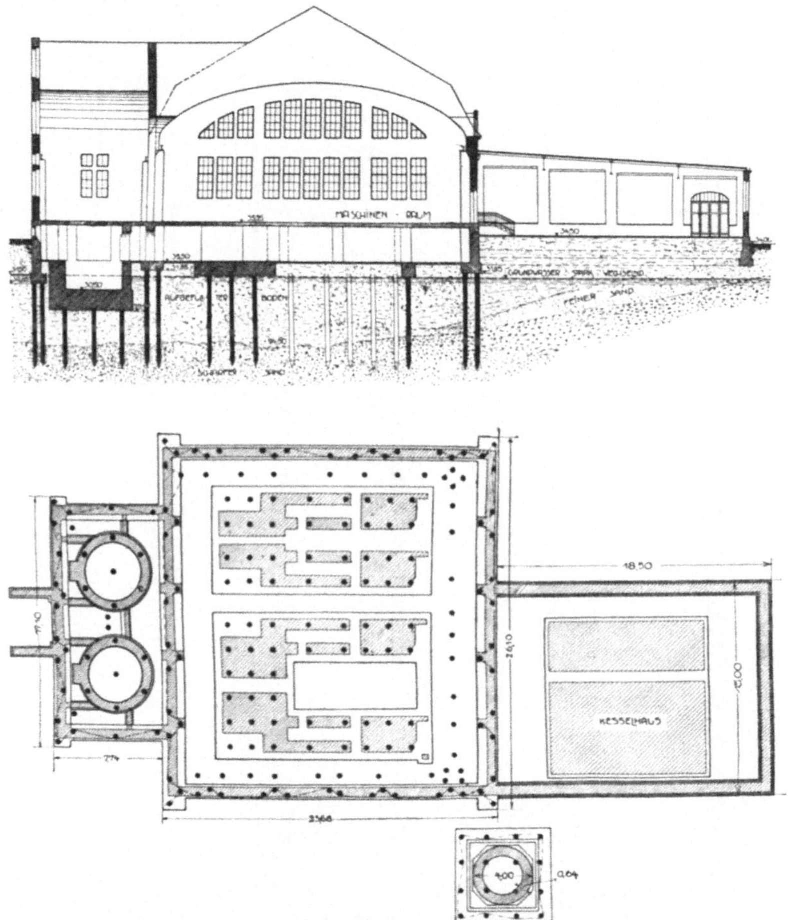

Fig. 46. Betonpfahlfundierung des neuen Wasserwerkes der Gemeinde Berlin-Pankow.

Gemeindeschule Zechliner Straße.

Für die Fundierung der Städtischen Gemeindeschule in der Zechliner Straße zu Berlin waren ursprünglich Senkkästen vorgesehen.

Bei der weiteren Bearbeitung des Entwurfes stellte sich heraus, daß die Baukosten der Fundierung erheblich verringert werden konnten, wofern Betonpfähle verwendet würden.

Um einwandfrei festzustellen, welche Last den Pfählen in Anbetracht des zweifelhaften Untergrundes zugemutet werden dürfe (Fig. 47),

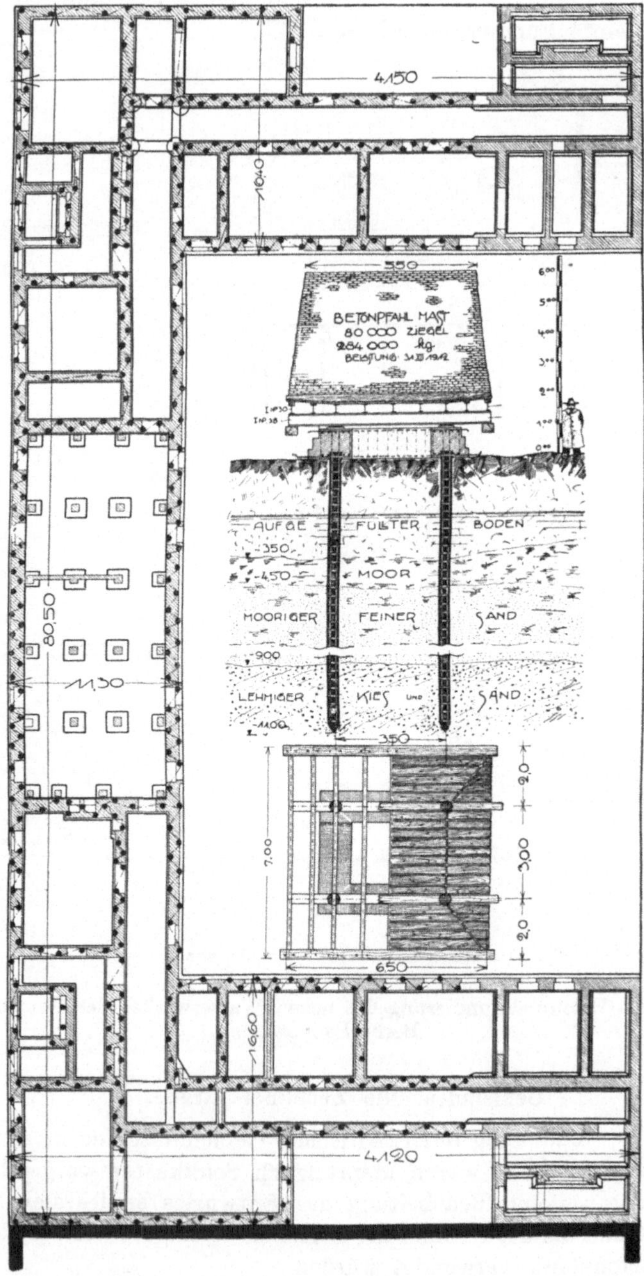

Fig. 47   Gemeindeschule der Stadt Berlin, gegründet auf Betonpfähle „Mast".

ließ die Bauverwaltung zunächst 4 Probepfähle einrammen und dann belasten. Über die Rammung liegen folgende Ergebnisse vor:

| Pfahl I | | Pfahl II | | Pfahl III | | Pfahl IV | | Bemerkungen |
Schläge	Ein-dringung cm	Schläge	Ein-dringung cm	Schläge	Ein-dringung cm	Schläge	Ein-dringung cm	
15	100	18	100	17	100	11	100	Bärgewicht 1000 kg
24	.100	28	100	28	100	29	100	Hubhöhe: 165 cm
10	100	10	100	12	100	13	100	Gewicht des Pfahles
28	100	27	100	54	100	29	100	1300 kg
48	100	46	100	17	100	59	100	
54	100	64	100	59	100	73	100	
39	100	71	100	65	100	76	100	
40	100	73	100	69	100	81	100	
46	100	69	100	76	100	80	100	
187	78	201	83	168	78	147	83	
10	22	10	17	10	22	10	17	

Fig. 48. Gemeindeschule Zechlinerstraße.
Belastung der Betonpfähle „Mast" mit 284 000 kg.

28 Tage nach Herstellung der Pfähle wurde der Belastungsstuhl (Fig. 48) aufgebracht und mit Ziegelsteinen bepackt. Hierbei sind nachstehende Beobachtungen festgestellt:

Datum	Last-Stufe kg	Einsenkung der Pfähle cm				Mittlere Senkung cm
		Pfahl I	Pfahl II	Pfahl III	Pfahl IV	
17. 12. 12	46 400	0,637	0,669	0,663	0,663	0,000
19. 12. 12	122 500	0,636	0,668	0,662	0,662	0,100
20. 12. 12	221 700	0,635	0,667	0,660	0,661	0,225
6. 1. 13	284 000	0,634	0,667	0,659	0,660 ·	0,300

Als Endergebnis ist also festzustellen, daß bei einer Schlußlast von 284 t, d. i. dem Doppelten der zulässigen Belastung eines Pfahles, eine mittlere Einsenkung von 3 mm entstand.

Fig. 49.   Schiffsabweisepfahl am Kaiser-Wilhelm-Denkmal zu Berlin.

VII. Der Betonpfahl „Mast" im Wasser- und Brückenbau.

Nachdem der Betonpfahl „Mast" seiner ursprünglichen Bestimmung entsprechend im festen Boden Fuß gefaßt und sich mit Erfolg ausgebreitet hatte, lag es nahe, ihm nunmehr ein neues Wirkungsgebiet, den Wasser- und Brückenbau mit seinen vielen Aufgaben, zu erschließen.

Die erste Hand zu einem Versuche bot die Königliche Wasserbau-Inspektion I zu Berlin, die mit Interesse das Werden des Betonpfahles „Mast" verfolgt hatte. Die stets wiederkehrende Klage über die schnelle Zerstörung der hölzernen Schiffsabweisepfähle war die Ursache, daß im Spreekanal gegenüber dem Kaiser-Wilhelm-Denkmal einige Betonpfähle „Mast" zur Beobachtung ihrer Widerstandsfähigkeit als Abweise- und Leitpfähle versuchsweise hergestellt wurden. Für die Aus-

Fig. 50. Betonpfähle „System Mast" für ein Bootshaus an der Oberspree.

führung derartiger Pfähle erwies sich der Betonpfahl „Mast" als ganz besonders geeignet. Zum Transport und Einrammen der Pfahlhülse vom Wasser aus waren nur leichte Rammen und Kähne erforderlich. Die fertig gerammte Pfahlform konnte nach Entfernung der Holzjungfer bis zur Spitze hinab genau kontrolliert werden und erwies sich als völlig wasserdicht. Es wurden darauf die zur Aufnahme der Biegungsspannung bestimmte Eisenarmierung aus 4 I Profil Nr. 8 mit ihrer Querverbindung in die Pfahlform eingesetzt und mit Beton 1 : 5 umhüllt.

Zum Schutze der anfahrenden Schiffe erhielt der Pfahl über Wasser eine Umkleidung aus starken Holzbohlen. Trotz des lebhaften Schiffsverkehrs, der dem Pfahl nur wenig Zeit und Ruhe zum Abbinden ließ, haben sich bis jetzt keinerlei Beschädigungen gezeigt, so daß der Versuch in praktischer Richtung als durchaus gelungen bezeichnet werden darf. Bezüglich der Kosten stellt sich der Betonpfahl „Mast" im Wasser nicht wesentlich teurer als auf dem Lande, so daß auch hier diese Frage in günstigstem Sinne erledigt ist.

Bootshaus Grünau.

Eine weitere Verwendung des Betonpfahles „Mast" fand sich bei dem Bau eines Bootshauses an der Oberspree bei Grünau (Fig. 50). Dort wurden 4 Stück mit Rundeisen armierte Betonpfähle „Mast" als Leitpfähle in der vorher beschriebenen Art ausgeführt.

Ufermauer am Stralauer Platz.

Ein Beispiel für die Anwendung des Betonpfahles „Mast" im Mauerwerksbau bietet die Ausführung eines Bollwerks am Stralauer

Fig. 51. Bollwerk auf Betonpfählen „Mast" am Stralauerplatz zu Berlin.

Platz für die Städtischen Gaswerke Berlin (Fig. 51). Das Bollwerk besteht unter Wasser aus Spundwand, über Wasser aus einer Eisenfachwerk-Betonwand, die ursprünglich durch Holzpfähle getragen werden sollte, aber mit Rücksicht auf das leichte Verfaulen solcher Pfähle auf eisenarmierte Betonpfähle „Mast" gestellt wurde. Leicht auswechselbare kurze Reibhölzer bilden zwischen Pfahlkopf und Eisenbetonwand den Übergang und schützen die Schiffe vor Beschädigung beim Anlegen.

Die Einzelheiten der Konstruktion sind aus den beistehenden Skizzen zu erkennen (Fig. 52).

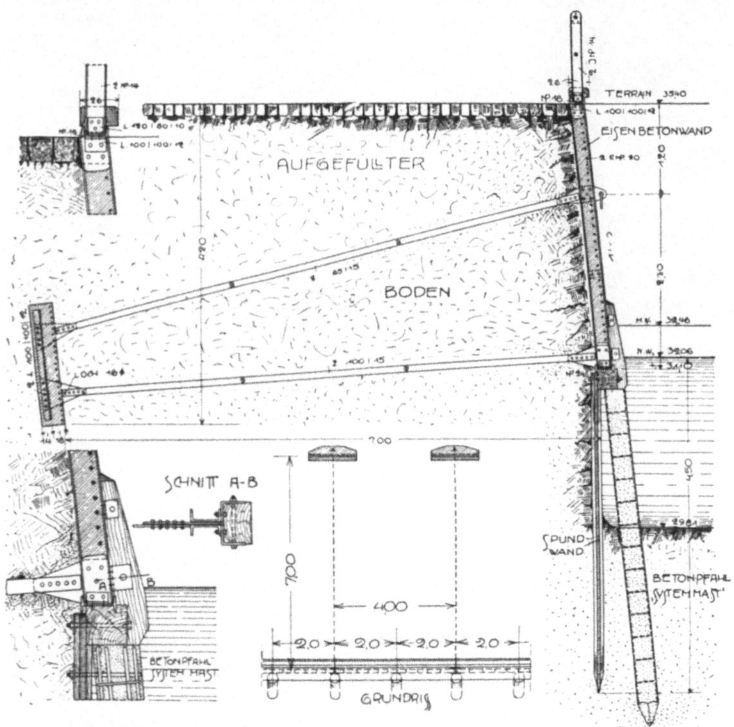

Fig. 52. Bollwerk am Stralauerplatz zu Berlin.

Kranbahn am Nordhafen zu Berlin.

Als Ersatz eines alten feststehenden Kranes am Nordhafen zu Berlin sollte ein fahrbarer Portalkran mit drehbarem Ausleger an der gleichen Stelle erbaut werden. Die Fundamente der landseitigen Kranschienen konnten als Erdbogen mit Pfeilern bis auf den tragfähigen Sandboden hinuntergeführt werden. Für die Kranschiene am Wasser aber war eine besondere Fundierung notwendig, da der hinter dem alten Bollwerk angeschüttete Boden nicht genügend tragfähig war; erst in Höhe der Hafensohle ist fester Sandboden zu erreichen. Mit

Fig. 53. Krananlage am Nordhafen zu Berlin.

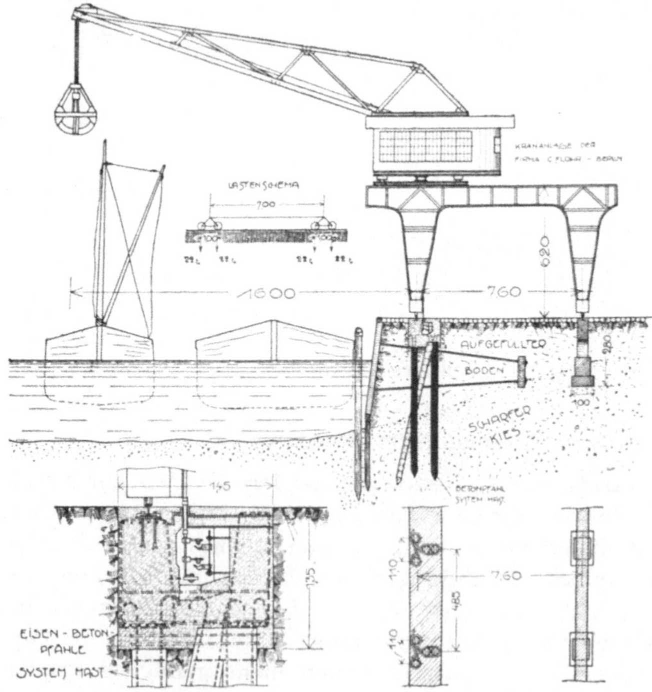

Fig. 54. Betonpfähle zur Fundierung einer Kranbahn am Nordhafen-Berlin.

Rücksicht auf die Standsicherheit des alten Bollwerkes aber waren
Spundwände und tiefe Ausschachtungen für etwaige Pfeilerfundamente
unter allen Umständen zu vermeiden   Es wurde deshalb ein Eisen-

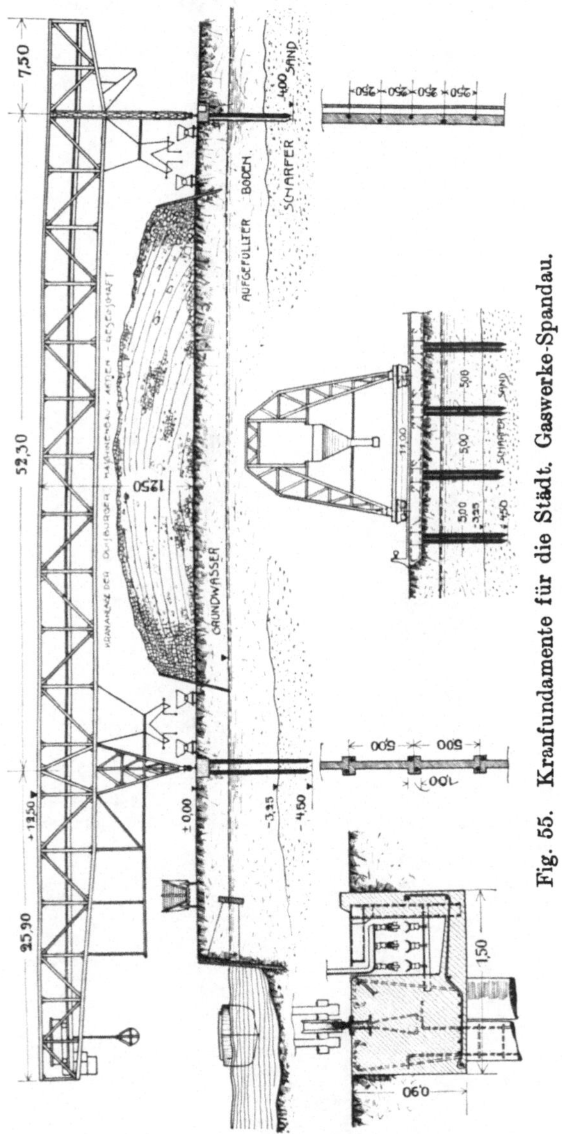

Fig. 55. Kranfundamente für die Städt. Gaswerke-Spandau.

betonbalken mit möglichst beschränkter Bauhöhe ausgeführt und in
Abständen von je 4,85 m auf Pfahlbündel aus Betonpfählen gestützt
(Fig. 54). Die Beanspruchung der Pfähle und Balken wurde bei ungün-

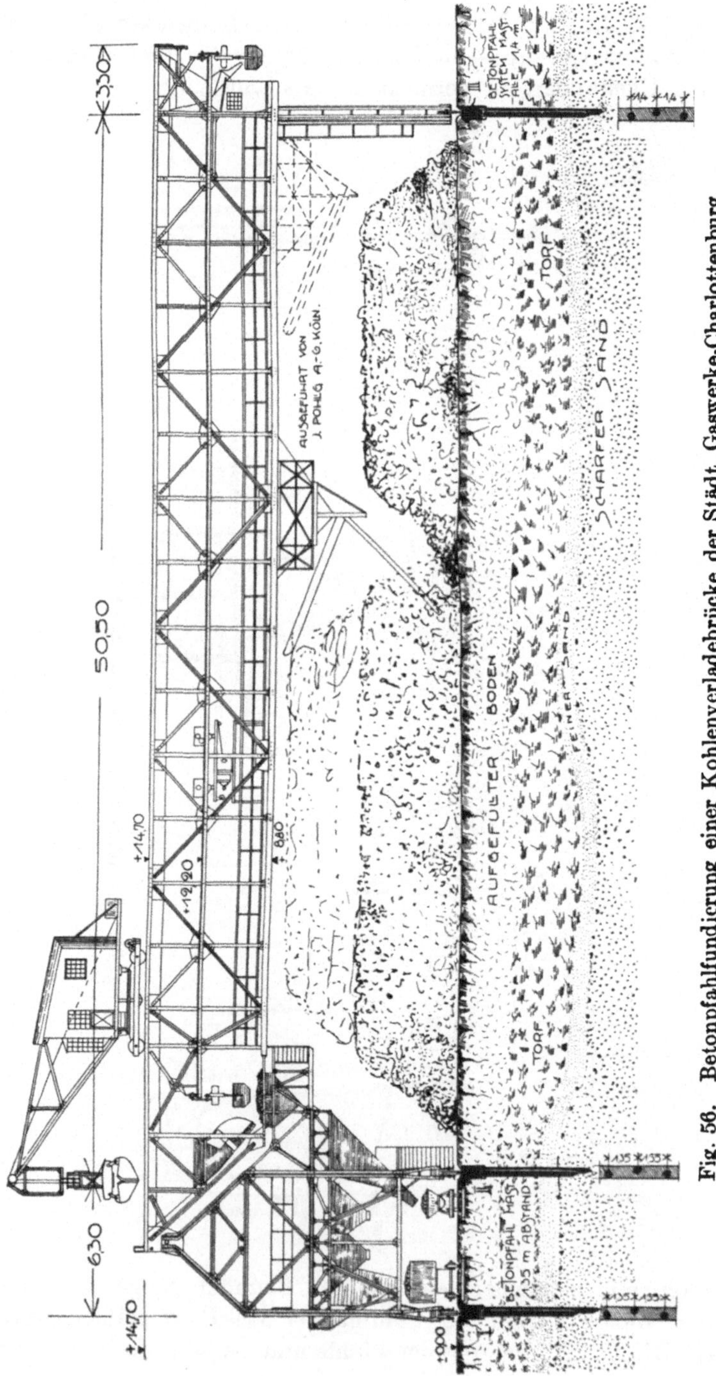

Fig. 56. Betonpfahlfundierung einer Kohlenverladebrücke der Städt. Gaswerke-Charlottenburg.

stigster Laststellung unter Annahme eines Balkens auf vier Stützen berechnet.

Die Kosten für 1 m Fundament betrugen ca. 140 Mark

Eine ähnliche Fundierung wurde zur Erweiterung der Kohlenförderanlage des Städtischen Gaswerkes in Spandau ausgeführt (Fig. 55).

Die dritte Ausführung dieser Art ist die Fundamentanlage der Kohlenverladebrücke für das Städtische Gaswerk Charlottenburg. Hier mußten für drei Kranschienen und Achsdrucke bis 45 t geeignete Fundamente geschaffen werden (Fig. 56). Mit Rücksicht auf die großen Einzeldrucke der Kranachsen wurden die Pfähle der Fundamentbalken nicht in Bündeln zusammengestellt, sondern in solcher Entfernung voneinander angeordnet, daß jeder Pfahl rechnungsmäßig unter Annahme eines Balkens auf 4 Stützen höchstens 35 t Last erhält.

Es ergab sich demnach ein Pfahlabstand von ca. 1,35 m.

Die Pfahlfundierung war nur für den mittleren Teil der Laufbahn erforderlich.

Der Baugrund steigt von der Mitte nach beiden Seiten an, so daß die Enden der Kranbahn, und zwar die Hälfte der ganzen Länge, ca. 2 m hohe Betonmauern als Fundament erhalten konnten. Auch hier hat sich die gemischte Fundierung wiederum aufs beste bewährt; weder an der Verbindungsstelle der beiden Fundierungsarten noch in der Nachbarschaft haben sich irgendwelche Senkungen gezeigt. Die Tagesleistung einer Ramme betrug bis 80 m Pfähle.

Kranfundament am Teltow-Kanal.

Einige im Auftrage der Teltow-Kanal-Verwaltung ausgeführte Kranfundamente zeigen die Fig. 57/58. Die Einrichtung und Konstruktion dieser Anlagen ist im wesentlichen die gleiche wie die der vorbeschriebenen Ausführungen.

Leitwerk und Dalben im Großschiffahrtsweg Berlin—Stettin.

Der Großschiffahrtsweg Berlin—Stettin führt in der Nähe von Oranienburg bei Berlin durch einen der größten Havelseen, den 5 km langen Lehnitzsee. Die hier anschließende Kanalhaltung Spandau-Eberswalde endigt kurz vor dem Lehnitzsee in einer Schleuse, die den Schiffsverkehr zwischen dem Oberwasser und dem 3,40 m tiefer liegenden Unterwasser zu vermitteln hat. Unter den für den Schleusenbetrieb notwendigen Bauwerken verdienen besondere Beachtung die im Oberwasser erbauten Schiffsleitwerke und Abweispfähle. Da das Kanalbett künstlich hergestellt und gegen Wasserverluste durch eine Tonschicht abgedichtet ist, die nach Füllung des Kanales möglichst vor

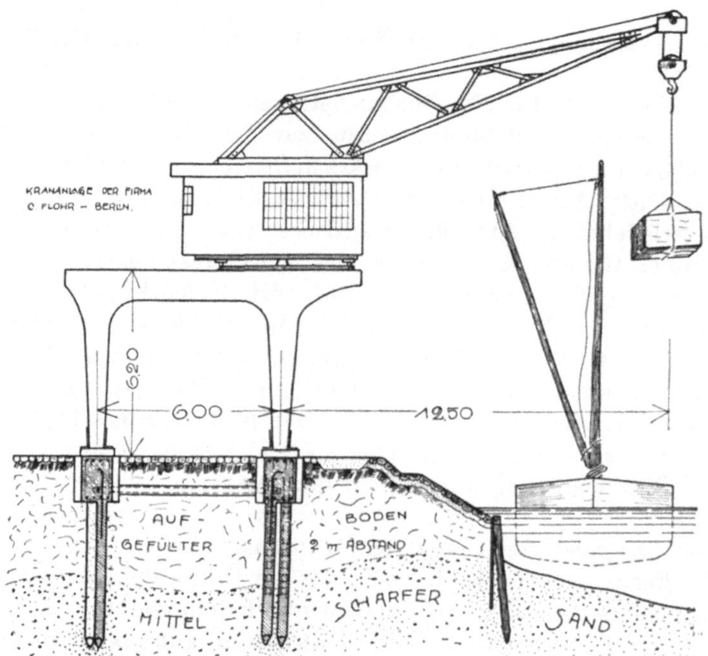

Fig. 57. Kranfundament am Teltow-Kanal.

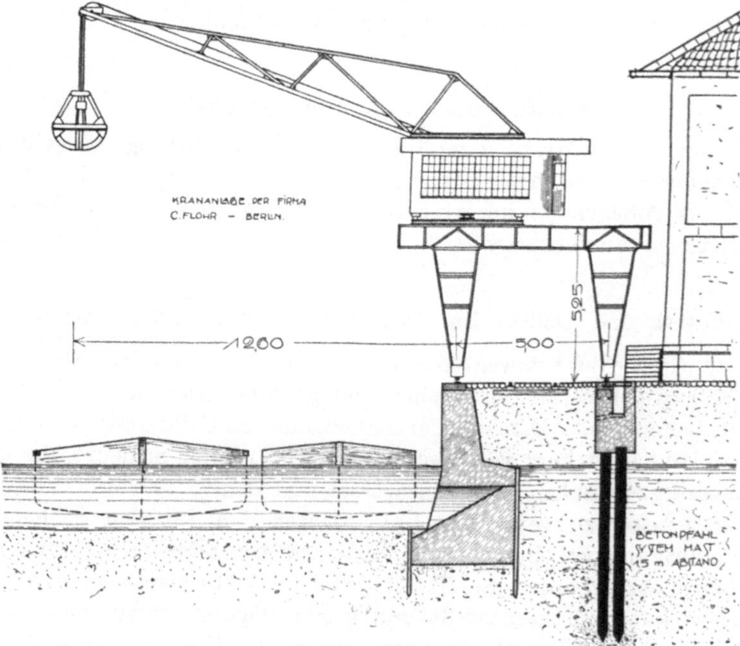

Fig. 58. Kranfundament am Teltow-Kanal-Speicher.

jeder Beschädigung bewahrt bleiben muß, so war vor allem dafür zu
sorgen, daß die das Leitwerk tragenden Pfähle nach Fertigstellung
und sorgfältiger Abdichtung der Tonschicht später nie mehr erneuert zu
werden brauchen.

Eine derartig weitgehende Sicherheit aber können Holzpfähle
niemals bieten. Beim Durchschleusen der Schiffe treten im Oberwasser

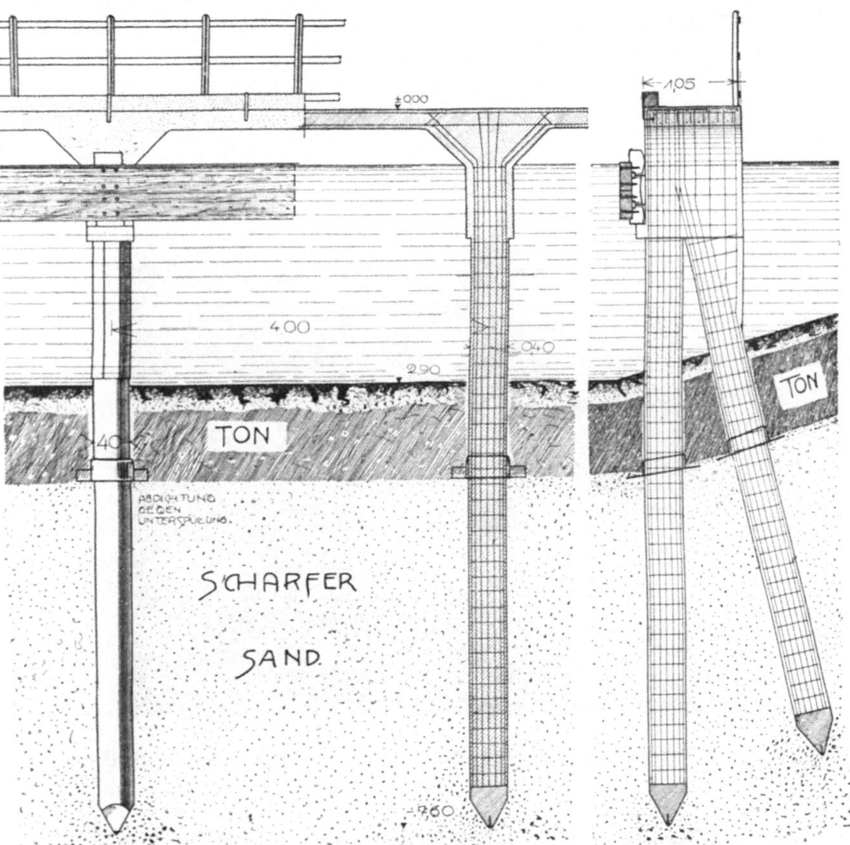

Fig. 59. Leitwerke im Großschiffahrtswege Berlin-Stettin.

ständig erhebliche Spiegelschwankungen auf, so daß Holzpfähle in der
Wasserlinie bald anfaulen würden und den Anprall der mit 0,45 m/sec
heranfahrenden 600-t-Kähne nicht mehr aushalten könnten. Schon
nach kurzer Betriebszeit würde eine Erneuerung der Holzpfähle notwendig werden. Das aber soll, wie schon erwähnt, mit Rücksicht auf
die abdichtende Tonschicht unter allen Umständen vermieden werden.

Diese Gründe bestimmten die Bauverwaltung dazu, im Oberwasser sämtliche Leitwerke und Dalben aus Eisenbetonpfählen herstellen zu lassen.

Da nur eine kurze Bauzeit zur Verfügung stand, wurde das Pfahlsystem „Mast" zur Ausführung gewählt.

Die Leitwerke sind als Eisenbeton-Plattenbrücken ausgebildet, in 4,00 m Abstand durch je zwei Pfähle von 0,40 m Durchm. gestützt, deren einer geneigt ist (Fig. 59). Die Eiseneinlagen der Pfähle sind

Fig. 60.   Eisenarmierung des Leitwerkes.   Im Hintergrunde die Schleuse.

mit denjenigen der Plattenbalken zusammengeführt und fest verbunden, so daß also eine steife Rahmenkonstruktion geschaffen ist (Fig. 60). Durchlaufende Reibehölzer verhindern eine Beschädigung der Schiffshaut an den rauhen Betonflächen der Platten. Zur Herstellung der Dalben wurden je 3 Betonpfähle von 40 cm Durchm. mit Neigung gegeneinander gestellt, mit Rundeisen kräftig bewehrt und oben in einen Betonklotz vereinigt; Reibehölzer und Schiffsringe bilden die äußere Ausrüstung der Dalben (Fig. 61).

Im Unterwasser konnten Leitwerke und Dalben aus Holz konstruiert werden, da in dem natürlichen Kanalbett auf eine künstliche Abdichtung, wie sie im Oberwasser vorhanden ist, keine Rücksicht genommen werden brauchte. Auch sind die Spiegelschwankungen hier viel geringer, weil der nahegelegene Lehnitzsee die beim Schleusen entstehende Wasserdifferenz sofort und fast unmerklich ausgleicht.

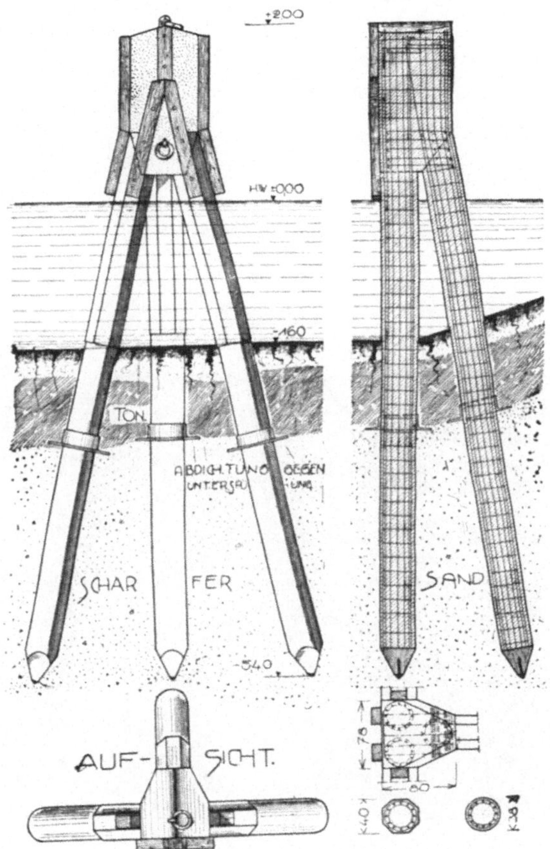

Fig. 61. Dalben im Großschiffahrtswege Berlin-Stettin.

Balkenbrücke auf Betonpfählen „System Mast".

Die endliche Ausführung des lange geplanten Großschiffahrtsweges Berlin—Stettin hat naturgemäß mancherlei Veränderung in den von ihm berührten Gegenden hervorgerufen. Alte Wasserläufe wurden teilweise abgeschnitten und zugeschüttet, viele Grundstücke haben neue Zufahrtswege und Verkehrsmöglichkeiten erhalten und können nun industriell ausgenutzt werden. So hat unter anderem das der Terrain-Akt.-Ges. am Großschiffahrtsweg zu Berlin gehörige Gelände in der Nähe von Birkenwerder Anschluß an den Kanalverkehr durch die Regulierung der Havel erhalten, die an der Einmündung das Gelände durchschneidet, so daß hier für den Landverkehr eine Brücke erbaut werden mußte. Da für die nächsten Jahre noch keine erhebliche Verkehrssteigerung zu erwarten ist, wurde eine für Wirtschaftswagen ausreichende Breite von 5 m gewählt. Hierfür genügten zwei als Eisenbetonplattenbalken ausgebildete Längsträger, die durch eine beiderseits überkragende Querplatte verbunden wurden (Fig. 61). Für den

Fig. 62. Ansicht des Leitwerkes und der Dalben.

Schiffsverkehr mußte eine Mittelöffnung von 12 m Spannweite freibleiben, so daß sich für die beiden Seitenöffnungen je 7,50 m lichte Weite ergab. Die Landwiderlager sind in üblicher Weise in Eisenbetonkonstruktion ausgeführt und auf Betonpfählen „Mast" fundiert, da sicherer Baugrund erst in 7 m Tiefe zu finden war (Fig. 65).

Die Mittelpfeiler werden nach Art der alten hölzernen Jochbrücken aus je 6 Stück eisenbewehrten Mastpfählen von 32 cm Durchm. und 10 m Länge gebildet. Als Auflage für die Längsträger haben die Pfahlköpfe einen Eisenbetonbalken erhalten, in dem alle Eiseneinlagen zu-

Fig. 63. Havelbrücke am Großschiffahrtswege Berlin-Stettin.

Fig. 64. Havelbrücke am Großschiffahrtswege.

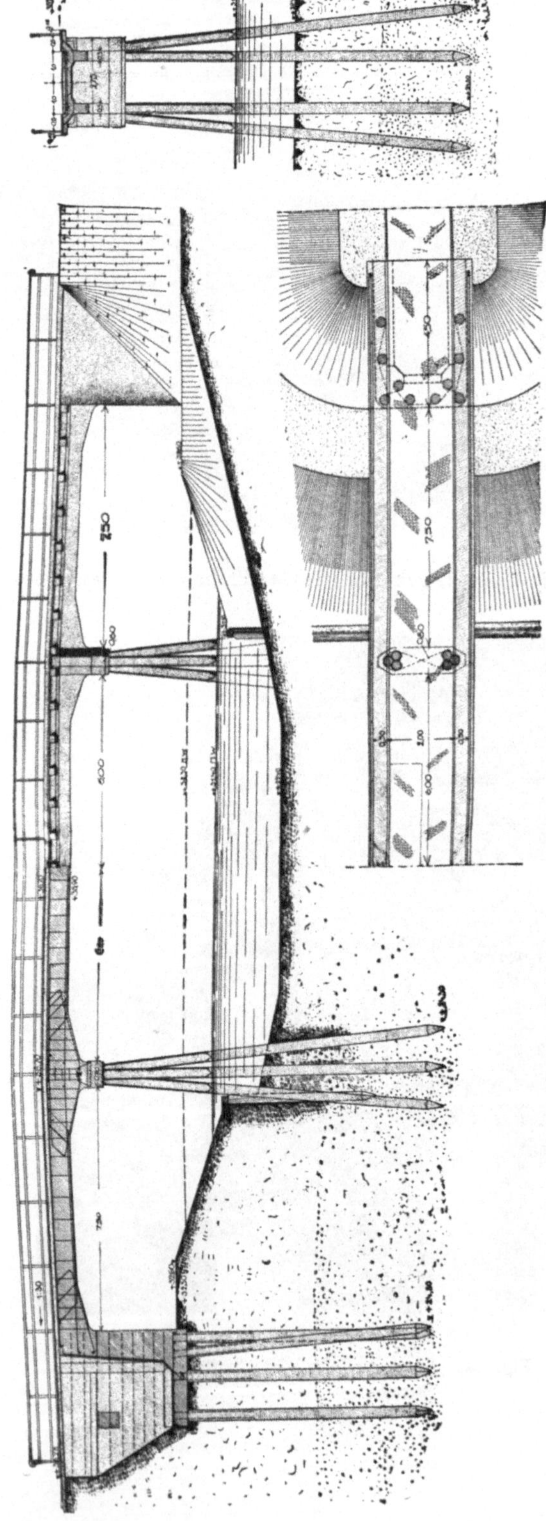

Fig. 65. Havelbrücke auf Betonpfählen „Mast" am Großschiffahrtswege Berlin-Stettin.

sammengeführt und fest miteinander verbunden sind. Mit den Land-
widerlagern sind die Balken nicht starr verbunden, sondern liegen
dort frei auf. Die Berechnung der Platten, Balken und Pfeiler wurde
unter Annahme eines kontinuierlichen Trägers auf 4 Stützen in bekann-
ter Weise durchgeführt. Die Baukosten der Brücke und der Widerlager
betrugen einschließlich aller Nebenarbeiten ungefähr 135 Mark für 1 m²
überdeckte Brückenfläche.

Fig. 66. Havelbrücke während der Ausführung.

40 m lange Betonpfähle „Mast".

Die gewöhnlich verwendeten Pfähle überschreiten selten die
Länge von 15—20 m. Wo noch größere Pfahllängen notwendig werden,
dürfte es sich empfehlen, von einer Pfahlfundierung überhaupt
Abstand zu nehmen oder aber das geplante Bauwerk an anderer, gün-
stigerer Stelle zu errichten. Ist das aber durchaus nicht möglich, so
muß anderweitig Rat geschafft werden.

In welcher Weise eine solche Frage unter Benutzung des Betonpfahles „Mast" gelöst werden kann, mag ein Beispiel aus der jüngsten
Zeit zeigen.

Ein wichtiges Bauwerk an der Seeküste soll unbedingt sicher gegen die Gewalt von Wind und Wellen fundiert werden. Die Wassertiefe beträgt ca. 6 m, der Untergrund besteht aus angespültem Schlamm, erst 36 m unter dem Wasserspiegel liegt eine starke Schicht scharfen Sandes, die nur durch Pfähle erreicht werden kann.

„Mast“-Pfähle der gewöhnlichen Art würden hier unausführbar sein, da für diese Längen weder Rammen noch Rammjungfern zu beschaffen sind.

Fig. 67.   Havelbrücke am Großschiffahrtskanal Berlin-Stettin

Der Ausweg, etwa 10 m lange Pfahlformen einzurammen, auszubetonieren und später nach Erhärtung des Betons tiefer zu rammen, erfordert eine langfristige Bauzeit; vor allem aber ist keine Gewähr für die gute Verbindung der Stoßstellen vorhanden. Die Lösung dieser schwierigen Frage ist auf anderem Wege gelungen.

Eine Pfahlhülse von etwa 50 cm Durchm. und von ~ 10 m Länge wird unten mit der üblichen Pfahlspitze versehen. Als Rammjungfer dient ein kräftiges Walzeneisenprofil, etwa ein B-Profil Nr. 20. Gleichzeitig mit der Rammjungfer werden die erforderlichen Eiseneinlagen in die Pfahlhülse eingesetzt. Alsdann wird der plastische Beton eingefüllt und so das Ganze eingerammt.

Durch die Erschütterung der Rammschläge wird der Beton ebenso fest zusammengedrückt, wie wenn er sorgfältig eingestampft würde.

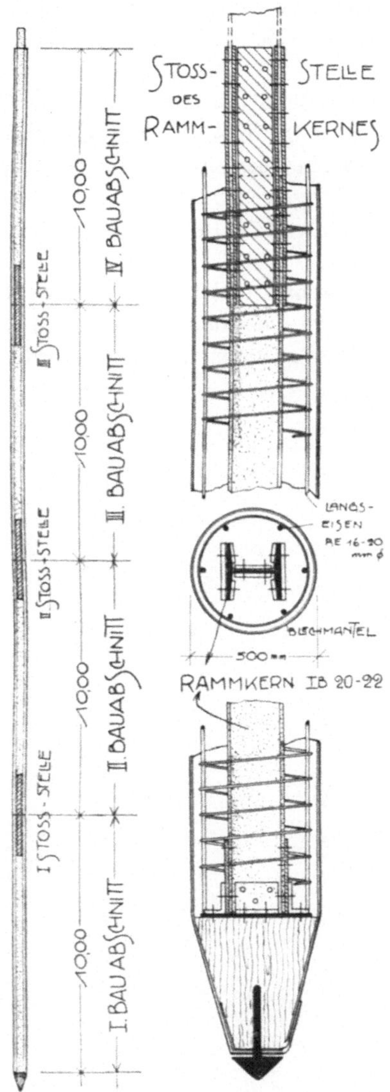

Fig. 68. 40 m lange Betonpfähle „System Mast".

Die eiserne Rammjungfer aber wird durch die Betonumhüllung, die Eisenarmierung und die Pfahlform am seitlichen Ausweichen gehindert.

Sind die ersten 10 m eingerammt, so wird sofort eine zweite, ebenfalls 10 m lange Rammjungfer mittels kräftiger Laschen an der ersten befestigt, die nächste Längseisenarmierung eingesetzt und mit der vorhandenen verbunden, endlich eine neue Pfahlform angeschweißt und mit Beton gefüllt, worauf weiter gerammt werden kann. Dieser Vorgang wird je nach der zu erreichenden Pfahllänge mehrere Male wiederholt.

Auf diese Weise entsteht ein durchaus zuverlässiger Eisenbetonpfahl, der durch die kräftige Eiseneinlage der Rammjungfer und die Rundeisen außerordentlich biegungs- und knicksicher geworden ist. Ferner sind die schwierigen Stoßstellen in unbedingt zuverlässiger Weise verbunden, so daß der Pfahl auch vor seitlichem Abweichen beim Rammen bewahrt bleibt.

Die endgültigen Ergebnisse der Ausführung können zurzeit noch nicht veröffentlicht werden. Jedoch wird sobald wie möglich in den Fachzeitschriften hierüber näheres berichtet werden.

Besondere Ausführungen.

Gasbehälter der Stadt Burg b. Magdeburg.

Die Führungsgerüste und Seitenwände der Behälter stehen auf eisenarmierten äußeren Betonringen, die wegen des unsicheren Baugrundes auf Eisenbetonpfählen „System Mast" fundiert worden sind.

Fig. 69.　Baustelle während der Rammarbeiten.

Die inneren Behälterböden mit der ca. 7 m hohen Wasserfüllung liegen auf 30 cm starken Eisenbetonplatten, die zunächst den Boden mit $0,17 \text{ kg/cm}^2$ belasten, den restlichen Teil ihrer Last aber auf Betonpfähle „System Mast" übertragen. Der innere Behälterboden kann sich unabhängig von dem äußeren Betonring setzen, da eine durchlaufende Fuge beide Fundamentkörper voneinander trennt.

Die Baukosten betrugen ca. 30 Mark für 1 m² Fundamentfläche.

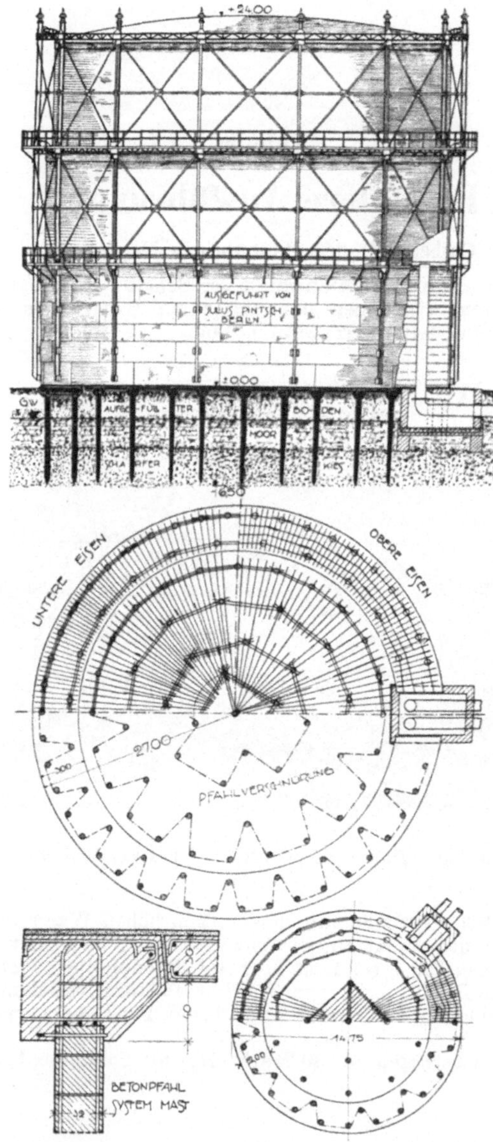

Fig. 70.
Gasbehälter der Stadt Burg bei Magdeburg.

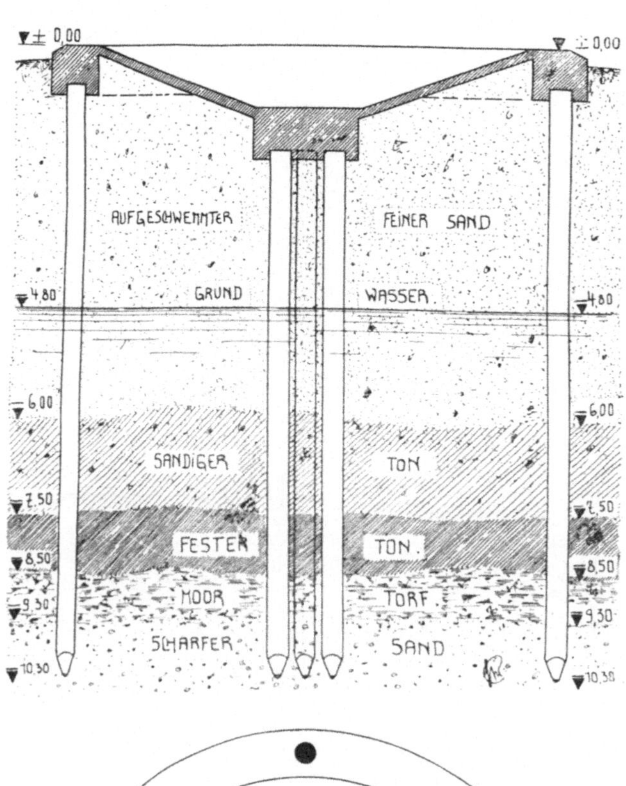

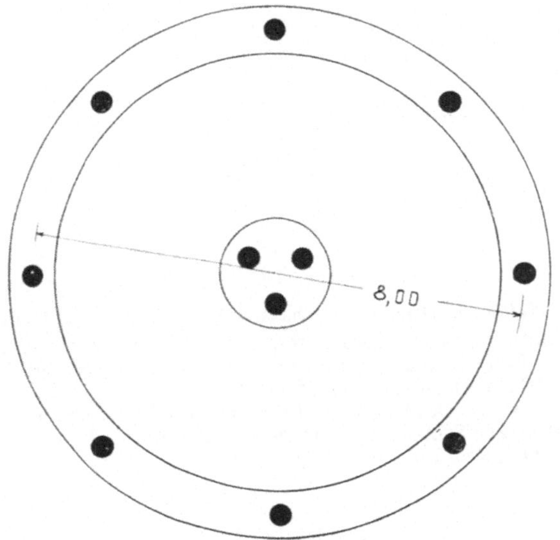

Fig. 71.
Lokomotiv-Drehscheibe in Harburg b. Hamburg.
Fundiert auf 11 Stück ca. 10 m langen Betonpfählen „System Mast".

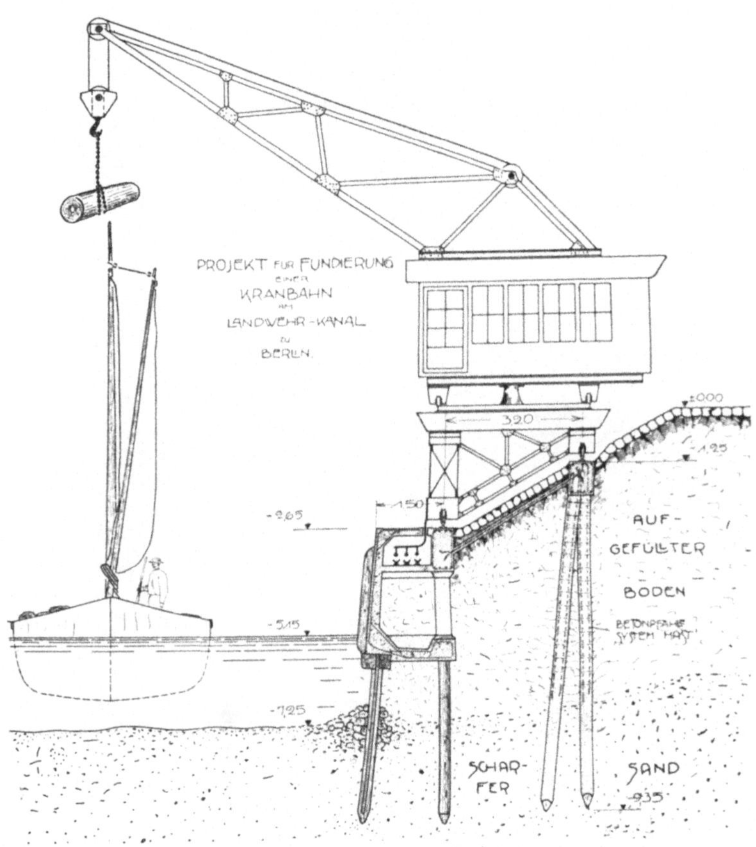

Fig. 72.

Projekt für eine Winkelstützmauer und Krananlage am Landwehrkanal zu Berlin.

Die Winkelstützmauer aus Eisenbeton soll ein altes Holzbohlwerk ersetzen. Die Schienen des fahrbaren Auslegerkranes erhalten als Fundament Eisenbetonbalken, die auf Betonpfählen „System Mast" ruhen. Die Kabel der elektrischen Leitung finden einen zweckmäßigen Platz in der Winkelstützmauer.

Die Baukosten der Stützmauer betragen ∼ 230 Mark, diejenigen des oberen Fundamentes ∼ 60 Mark für 1 m Länge.

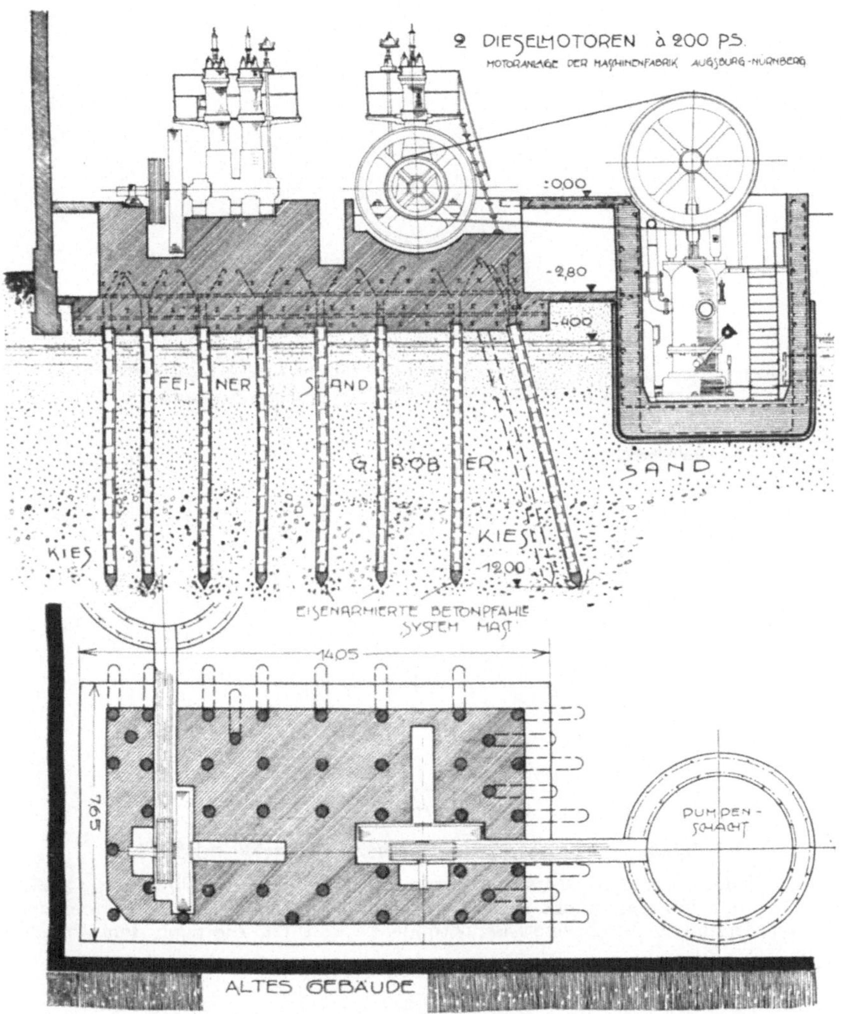

Fig. 73.

Fundierung zweier Dieselmotoren à 200 PS für die Städt. Wasserwerke in Lichtenberg b. Berlin.

Die Motoren und Fundamente ruhen auf 42 eisenbewehrten Betonpfählen „System Mast“. Geneigt eingerammte Pfähle übernehmen die infolge des Seilzuges entstehenden Schrägkräfte des Fundamentes.

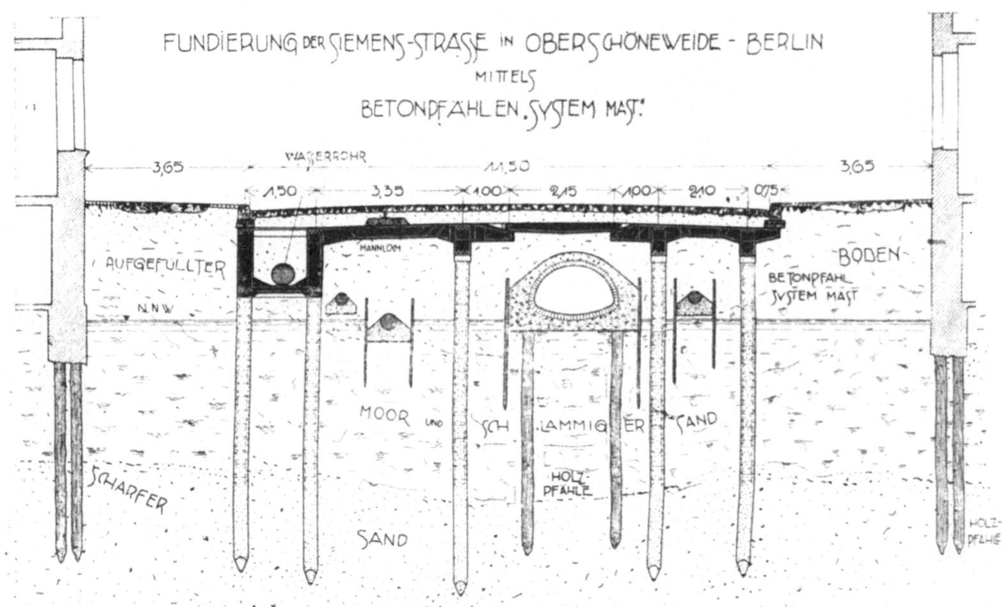

Fig. 74.   Querschnitt durch die Straße.

Fahrdamm der Siemensstraße in Oberschöneweide bei Berlin.

Die Siemensstraße in Oberschöneweide führt über eine ca. 100 m lange Moorstrecke.   Der Fahrdamm hat sich wiederholt gesenkt und ist zur Vermeidung weiterer Setzungen durch eine Eisenbetondecke gestützt, die nach dem Prinzip

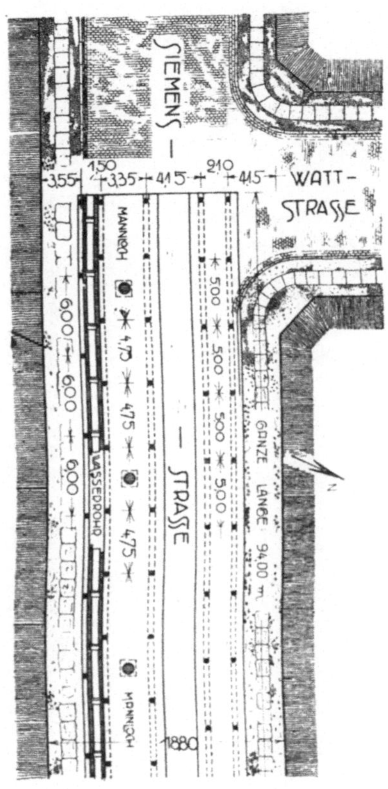

Fig. 75. Grundriß.

des „Gerberbalkens‘ in zwei seitliche Ausleger und einen mittleren Koppelträger
aufgelöst ist.

Die Last der Platten wird durch kontinuierliche Eisenbetonbalken auf eisenbewehrte Betonpfähle „System Mast“ übertragen.

Sämtliche Arbeiten wurden in 45 Tagen erledigt. Die Baukosten betrugen
~ 17,00 Mark für 1 m² Straßendamm.